Joel Mispelter

Relaxation en RMN des ions sodium

Mihaela Lupu
Joel Mispelter

Relaxation en RMN des ions sodium

Applications in vivo et ex vivo pour la caractérisation de l'état cellulaire

Presses Académiques Francophones

Impressum / Mentions légales

Bibliografische Information der Deutschen Nationalbibliothek: Die Deutsche Nationalbibliothek verzeichnet diese Publikation in der Deutschen Nationalbibliografie; detaillierte bibliografische Daten sind im Internet über http://dnb.d-nb.de abrufbar.
Alle in diesem Buch genannten Marken und Produktnamen unterliegen warenzeichen-, marken- oder patentrechtlichem Schutz bzw. sind Warenzeichen oder eingetragene Warenzeichen der jeweiligen Inhaber. Die Wiedergabe von Marken, Produktnamen, Gebrauchsnamen, Handelsnamen, Warenbezeichnungen u.s.w. in diesem Werk berechtigt auch ohne besondere Kennzeichnung nicht zu der Annahme, dass solche Namen im Sinne der Warenzeichen- und Markenschutzgesetzgebung als frei zu betrachten wären und daher von jedermann benutzt werden dürften.

Information bibliographique publiée par la Deutsche Nationalbibliothek: La Deutsche Nationalbibliothek inscrit cette publication à la Deutsche Nationalbibliografie; des données bibliographiques détaillées sont disponibles sur internet à l'adresse http://dnb.d-nb.de.
Toutes marques et noms de produits mentionnés dans ce livre demeurent sous la protection des marques, des marques déposées et des brevets, et sont des marques ou des marques déposées de leurs détenteurs respectifs. L'utilisation des marques, noms de produits, noms communs, noms commerciaux, descriptions de produits, etc, même sans qu'ils soient mentionnés de façon particulière dans ce livre ne signifie en aucune façon que ces noms peuvent être utilisés sans restriction à l'égard de la législation pour la protection des marques et des marques déposées et pourraient donc être utilisés par quiconque.

Coverbild / Photo de couverture: www.ingimage.com

Verlag / Editeur:
Presses Académiques Francophones
ist ein Imprint der / est une marque déposée de
AV Akademikerverlag GmbH & Co. KG
Heinrich-Böcking-Str. 6-8, 66121 Saarbrücken, Deutschland / Allemagne
Email: info@presses-academiques.com

Herstellung: siehe letzte Seite /
Impression: voir la dernière page
ISBN: 978-3-8416-2092-7

TABLE DES MATIERES

Liste d'abbreviations

CPMG –	Carr-Purcell-Meiboom-Gill
SVD –	Singular Value Decomposition
PC –	Phosphatidyl-choline
PS –	Phosphatidyl-sérine
PA –	Phosphatidyl-acid
TQF –	Triple Quantum Filtre
MQF –	Multiple Qunatum Filtre
Tm, TmDOPT5-	1,4,7,10-tetraazacyclododecane-1,4,7,10-tetra(methylenephosphonic acid)

CHAPITRE I

INTRODUCTION

1.1 RMN du sodium – aspects généraux.

Les ions sodium sont présents dans tous les systèmes vivants et sont impliqués dans de nombreux processus physiologiques et physiopathologiques au cours desquels le transport des ions à travers la membrane cellulaire modifie les concentrations de sodium intra et extra cellulaire [1].

La Résonance Magnétique Nucléaire offre une méthode d'investigation non destructive pour la localisation des ions sodium dans les différents milieux grâce aux propriétés magnétiques spécifiques de ce noyau [2,3,4].

Parmi les noyaux utilisés en RMN pour l'investigation des systèmes biologiques, le sodium est favorisé par son abondance naturelle (100%), sa sensibilité de détection raisonnable (9.25% de celle du proton) et sa concentration relativement élevée dans les tissus (5-150 mM). Ces avantages sont en partie éclipsés par l'absence d'information spectrale. Ses propriétés quadrupolaires, qui sont une source de relaxation très efficace, pourrait aussi constituer une limitation dans l'utilisation de ce noyau à l'investigation des systèmes biologiques. En effet, l'interaction du moment quadrupolaire avec les gradients locaux de champs électriques augmente les vitesses de relaxation, les raies de résonance deviennent larges, rendant moins évidente la détection des signaux.

Généralement on peut trouver les ions sodium dans plusieurs compartiments, isolés ou non physiquement, mais équivalents du point de vue magnétique et chimique. Pour distinguer ces différents compartiments du point de vue RMN, il est donc nécessaire d'utiliser des agents de déplacements chimiques, ou bien de relaxation.

5

Les noyaux quadupolaires offrent la possibilité de distinguer les compartiments où l'interaction quadrupolaire est moyennée à cause des mouvements moléculaires rapides (condition de rétrécissement extrême) des compartiments où ces noyaux sont liés aux macromolécules biologiques. La sensibilité de la relaxation quadrupolaire de ces noyaux aux fluctuations de champ électrique en fait une sonde locale très sensible des propriétés des sites de liaison.

L'exploration des propriétés de relaxation peut se faire de manière sélective ou non sélective. Les méthodes sélectives profitent de la relaxation bi-exponentielle qui permet de sélectionner par filtrage multi-quantum les seules cohérences provenant des ions liés. Les méthodes non sélectives enregistrent au contraire la totalité du signal de relaxation et font appel aux techniques de décomposition multi-exponentielle pour séparer les différents compartiments.

Dans ce travail on a essayé de mettre en évidence une relation qui pourrait exister entre la dynamique de l'ion sodium et l'état normal ou pathologique du système.

Des études antérieures ont déjà tenté de relier la dynamique des ions sodium aux propriétés locales que l'on rencontre dans des structures simples ou dans des systèmes complexes comme les tissus et les organes [5]. On présente, dans la partie suivante, quelques-unes des idées ressortant de ces études et portant sur quelques systèmes biologiques représentatifs.

Il ressort de ces études que le comportement des ions sodium dépend de l'état du système, mais différentes interprétations en sont données.

1.2 Revue

1.2.1 Systèmes modèles

Dans les systèmes biologiques, la relaxation bi-exponentielle des ions sodium liés autorise la création de cohérences multi-quanta (MQF) qui permet de les distinguer des ions libres dont la relaxation est mono exponentielle [6,7].

Des mesures ont été faites dans trois systèmes modèles (gel d'agarose, gels de gélatine et des solutions de sérum albumine de bœuf (BSA)) [8]. Ces modèles permettent l'analyse des mouvements des ions dans les milieux visqueux ou bien l'échange entre les compartiments libres ou liés, ou les deux. Les résultats obtenus suggèrent que dans les gels d'agarose, la relaxation bi-exponentielle soit principalement dominée par l'échange entre les compartiments libres et liés plutôt que la conséquence de l'immobilisation des ions due à la viscosité des échantillons. Les résultats sur la BSA n'ont pas montré de liaison spécifique du sodium avec cette macromolécule, au pH physiologique, mais un ralentissement significatif du mouvement des ions permet encore l'observation d'une relaxation bi-exponentielle. Par contre, dans les gels de gélatine, le temps de corrélation est plus court, ce qui empêche cette fois la création de cohérences MQF.

1.2.2 RMN du ^{23}Na dans des systèmes vivants

Cellules isolées

Le transport des ions dans les érythrocytes humains (RBC, Red Blood Cells) a été étudié par RMN du ^{23}Na et ^{39}K en présence d'un agent de déplacement chimique et de relaxation (sel de dysprosium Dy(P3O10)$_2$$^{7-}$) [9].

La première observation est que les compartiments intra cellulaire et extracellulaire de sodium sont 100% visibles dans les suspensions de RBC. Les auteurs ont conclu qu'il n'y a pas d'évidence pour une composante de sodium invisible par RMN dans ce système, ce qui suggère que les propriétés des ions à l'intérieur de RBC ne diffèrent pas de celles des ions à l'extérieur des globules.

Muscle squelettique

L'une des premières études de relaxation du sodium portant sur des tissus a été réalisée sur le muscle squelettique par D.C. Chang et D.E. Woessner [10]. Ces auteurs ont montré, à partir de l'analyse de la relaxation des ions sodium, que la plupart de ces ions sont liés aux sites négatifs des bio macromolécules. Ils ont estimé un temps de vie moyen pour la paire ion-site dans le domaine de 10^{-8} – 10^{-5} s, suggérant des conditions d'échange très rapide.

Plus récemment, des études portant sur la dystrophie myotonique (MyD) [11] ont révélé que le temps de relaxation rapide (T_{2fast}) obtenu à partir de spectres filtrés triple quantum (TQF, Triple Quantum Filtered) est corrélé avec la gravité de la pathologie. Dans cette technique, seule la population de sodium lié est détectée. La dépendance des spectres TQF en fonction du temps de création (annexe A) pour les patients MyD a été comparée à celle obtenue pour des témoins. Dans les cas de patients atteints de MyD, le maximum de la courbe de relaxation est déplacé vers les valeurs de τ plus élevées. L'ajustement des courbes montre que ce déplacement est du à des valeurs de T_{2fast} plus élevées et que les valeurs T_{2slow} ne sont pas sensibles à l'état pathologique. Enfin, l'augmentation de l'amplitude du signal, donc de la quantité de sodium lié pour les patients MyD, est, elle aussi, corrélée avec la sévérité de la pathologie. Les auteurs ont expliqué l'accroissement de la quantité de sodium lié par l'augmentation du volume extracellulaire dans les muscles malades.

Muscle cardiaque

B.D. Boy et D. Burstein ont étudié la relaxation du sodium extracellulaire dans le cœur perfusé [12]. Dans cette étude, les auteurs se sont principalement intéressé à la composante T_{2fast} du sodium extracellulaire. Ils montrent qu'aucune corrélation évidente n'existe entre la valeur de T_{2fast} et la pathologie. Au contraire, l'amplitude de cette composante augmente de manière significative dans l'état pathologique.

Dans un travail précédent portant sur le même système, Payne et al. avaient montré, au contraire, que le sodium extracellulaire, vu par MQF, prédomine dans le tissu sain tandis qu'il augmente dans le compartiment intracellulaire pour le tissu malade [13]. Ces résultats ont été confirmés plus tard par Dizon et al. [14], montrant le désaccord qu'il peut y avoir entre les interprétations des données obtenues par les expériences de relaxation « single quantum » (SQ) et par les techniques de filtrage « multiple-quantum ».

Tissu hépatique

Les temps de relaxation T_1 et T_2 du ^{23}Na ont été mesurés sur des foies provenant d'animaux ayant subi des chocs thermiques pour étudier les altérations des ions sodium dans les espaces intra et extra cellulaires du tissu hépatique en état pathologique [15]. Les déclins de relaxation T_1 sont mono exponentiels, tandis que les déclins de relaxation T_2 sont bi-exponentiels. Les valeurs des constantes de temps T_1 diminuent pour les cas pathologiques par rapport aux témoins. Pour les constantes de temps T_2, les auteurs n'ont pas signalé de différences significatives, mais la contribution relative de la population T_{2fast} (attribué au sodium lié) augmente d'environ 50% pour les foies pathologiques. Pour distinguer les espaces extra et intra cellulaires, du TmDOTP^{5-} [28] a été ajouté comme agent de relaxation et de déplacement chimique dans le circuit de perfusion. Les auteurs ont montré que la pathologie induite par le choc thermique augmente le nombre de site de liaisons sur la surface extracellulaire de la membrane des hépatocytes expliquant de cette manière l'augmentation de la population de sodium lié.

Une autre étude portant sur le foie de Rat et réalisée dans des conditions similaires aux expériences portant sur le muscle squelettique [16] (ischémie, utilisation de la ouabaine, etc…) a conduit à des conclusions contradictoires. Tout d'abord, ils ont montré que le foie est caractérisé par une faible quantité de sodium extracellulaire lié (visible en TQF) et qui reste insensible à l'état pathologique. Seul le signal TQF qui proviendrait du sodium intracellulaire augmente avec la pathologie. Cependant les auteurs montrent que ces résultats sont encore une fois en contradiction avec ceux qu'ils ont obtenus par SQ. Pour expliquer cela, ils ont avancé l'hypothèse qu'il existe plusieurs compartiments de sodium intracellulaire.

Ceci montre encore une fois la difficulté dans l'interprétation des résultats obtenus pour les systèmes hétérogènes lorsque l'on compare des techniques (MQF et SQ) dont la réponse dépend des conditions locales de mouvement et/ou d'échange modulé par les populations en présence. On doit remarquer aussi que la technique de MQF élimine une partie importante de l'information en ne « regardant » que la population de sodium lié.

Cartilage articulaire humain et bovin.

D'autres auteurs ont étudié la relaxation des ions sodium dans le cartilage humain et bovin [17,18]. Le cartilage articulaire est principalement composé d'une matrice extracellulaire contenant des fibres de collagène et des agrégats de protéoglycanes. Les cellules occupent un espace minimum d'environ 2% du volume total. Ce système est donc très intéressant parce que les propriétés physiques, chimiques, et mécaniques du cartilage sont dues principalement à la matrice extracellulaire. Des changements dégénératifs dans le cartilage se manifestent par des pertes de protéoglycane.

Les protéoglycanes sont des chaînes macromoléculaires qui sont susceptibles de lier des ions positifs comme les ions sodium. Par conséquent une modification de la quantité de protéoglycanes peut se refléter dans des changements de concentration en ions sodium et/ou dans leur mobilité. Lorsqu'ils sont liés à des macromolécules les ions sodium échangent rapidement entre les compartiments liés et libres et relaxation est bi-exponentielle. Les variations des constantes de temps T_{2slow} et T_{2fast}, obtenue par TQF, caractérisent l'état du cartilage. Les auteurs ont montré pour la première fois qu'il est possible d'obtenir des images TQF de sodium permettant ainsi des mesures de relaxation transversale *in vivo*. Ces images sont potentiellement sensibles aux variations structurales des macromolécules dans l'espace extracellulaire.

1.2.3 Commentaires

Malgré les différences d'interprétation sur l'origine des variations des paramètres de relaxation du sodium, toutes ces études montrent qu'il y a une corrélation entre la population de sodium lié et l'état pathologique.

Cette brève revue des études réalisées en RMN du sodium, montre la variété des interprétations concernant d'une part, l'origine du signal de sodium, intra ou extra cellulaire, et d'autre part, l'évolution de ces populations au cours d'une pathologie.

On notera cependant une convergence des résultats expérimentaux obtenus par ces auteurs avec ceux décrits dans ce travail.

La relaxation en RMN du sodium permet de discriminer les compartiments voisins, qu'ils soient séparés ou non physiquement, pour peu qu'ils y présentent des caractéristiques de mouvements différents. Dans les systèmes biologiques, la membrane cellulaire joue un rôle d'interface entre les milieux intra et extracellulaire. De part et d'autre de cette membrane se trouvent des ions sodium et on s'attend à ce qu'elle joue un rôle important dans la dynamique de ces ions, du fait des changements imposés par un état pathologique.

Dans le but de comprendre différents aspects de la relaxation du sodium dans les systèmes biologiques, des mesures ont été effectuées dans des systèmes modèles comme les gels d'agarose et les vésicules, puis dans des systèmes vivants les plus simples comme des cellules en suspension et enfin dans des systèmes plus complexes comme le foie perfusé. Chaque résultat sera commenté séparément mais en essayant de mettre en évidence les caractéristiques communes qui pourraient permettre de généraliser les propriétés de relaxation du sodium dans les systèmes biologiques.

Le but est de trouver un paramètre fiable caractérisant l'état du système et en même temps de relier ce paramètre aux processus biologiques présents. La relaxation sera corrélée avec la cinétique des ions sodium dans un système vivant et surtout avec l'état pathologique ou normal. Il faut déjà remarquer à cette étape que la dynamique des ions dans ces systèmes ne se limite pas à la perméabilité intra / extra cellulaire mais peut être aussi contrôlée par un processus d'échange entre les ions du même côté de la barrière physique (si plusieurs compartiments coexistent). Ce dernier processus sera corrélé à l'état pathologique dans les cellules et les tissus.

CHAPITRE II

PRINCIPES THEORIQUES

Dans ce chapitre, on présente tout d'abord la théorie de la relaxation pour les ions sodium, puis la méthode SVD permettant d'analyser les données expérimentales concernant la relaxation transversale.

2.1   Introduction à la relaxation

L'aimantation nucléaire peut être représentée à tout instant par un opérateur, la matrice densité, dont l'évolution dans le temps est décrite par l'équation de Liouville-von Neumann [19]. Cette description complète est en principe nécessaire pour décrire rigoureusement la relaxation.

Le processus de relaxation décrit le retour à l'équilibre thermodynamique de l'opérateur densité.

Il y a deux processus principaux de relaxation. L'évolution des populations des niveaux décrites par les éléments diagonaux de la matrice densité est représentée par la relaxation dite longitudinale (T_1). La décroissance de certains éléments non diagonaux qui décrit la perte des cohérences d'ordre 1 (associées au signal) créées par les impulsions d'excitation est représentée par la relaxation transversale (T_2). Enfin, la décroissance des autres cohérences, d'ordres supérieurs à l'unité, contribue aussi à la relaxation.

La relaxation du spin nucléaire n'est possible que par la modulation d'interactions magnétiques. L'analyse des vitesses de relaxation apporte donc des informations à la fois sur les interactions magnétiques locales et sur les mouvements qui modulent ces interactions.

Dans les systèmes biologiques, les vitesses de relaxation peuvent dépendre d'un grand nombre de facteurs incluant le temps de corrélation du mouvement brownien, des mouvements internes, des changements conformationnels, et de l'amplitude des interactions responsable de la relaxation.

Pour des spins 1/2 et des molécules diamagnétiques, les interactions principales responsables de la relaxation sont, d'une part l'interaction dipolaire et, d'autre part, le déplacement chimique anisotrope.

Pour des spins > 1/2 (cas des ions sodium), le mécanisme dominant pour la relaxation est la modulation de l'interaction quadrupolaire.

Le moment quadrupolaire (Q) est une propriété caractéristique de ces noyaux et résulte de l'absence de symétrie sphérique des charges électriques. Ce moment quadrupolaire interagit avec le gradient de champ électrique produit par les charges électroniques environnantes (q). La modulation de cette interaction (e^2Qq/h en Hz) par le mouvement de l'ion dans le gradient conduit au mécanisme très efficace de relaxation quadrupolaire.

Le spin nucléaire du sodium (I=3/2) a quatre orientations possibles dans le champ magnétique externe B_0. Les 4 états quantiques correspondants sont caractérisés par les valeurs propres de l'opérateur I_z (m = $\pm 3/2, \pm 1/2$) dont l'énergie est donnée par :
$$E_m^0 = -\gamma\hbar B_0 m$$

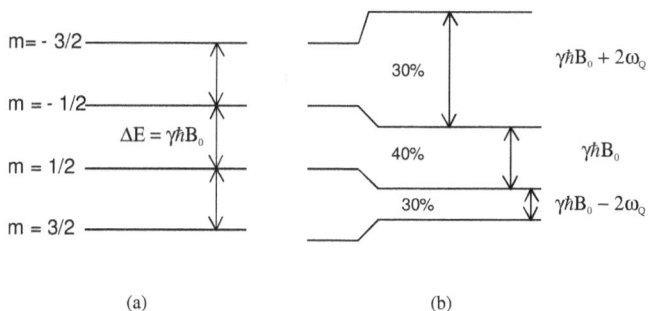

Figure 2.1 : Niveau d'énergie pour le spin 3/2 en l'absence (a) et en présence de l'interaction quadrupolaire (b).

Les seules transitions permises n'existent qu'entre les niveaux dont le nombre quantique diffère de l'unité. Lorsque l'interaction quadrupolaire est nulle, ou moyennée, le spectre correspondant consiste en une seule raie (les 3 transitions sont confondues, figure 2.1a). C'est le cas des ions sodium en solution fluide. Dans le cas contraire, et lorsque la vitesse de modulation de l'interaction quadrupolaire est très lente, on observera 3 raies d'intensité relative 3 :4 :3 séparées par $2\omega_Q/\hbar$ (figure 2.1b). C'est le cas du sodium dans un solide.

Lorsque les ions sodium sont liés à des macromolécules, le temps de corrélation des mouvements modulant l'interaction quadrupolaire devient comparable à $(2\omega_Q/\hbar)^{-1}$. Dans ce cas, la relaxation (longitudinale et transversale) aura deux composantes, lente et rapide. La composante lente correspond à la transition $-1/2 \rightarrow +1/2$ qui n'est pas modulée par les fluctuations de l'interaction quadrupolaire. La composante rapide correspond à une sorte d'échange intermédiaire entre les deux transitions $+3/2 \rightarrow +1/2$ et $-1/2 \rightarrow -3/2$, modulé par les fluctuations de l'interaction quadrupolaire.

2.1.1 Théorie de la relaxation en présence d'échange et relaxation quadrupolaire

Tout d'abord on rappelle la théorie de l'évolution de l'aimantation de spins 1/2 en présence d'échange entre deux sites A et B. Cette théorie peut en effet être appliquée, sous certaines conditions, à la description de la relaxation de spin 3/2, comme pour l'ion sodium, en associant chaque transition observable (certaine cohérence de la matrice densité) à une aimantation d'un spin fictif 1/2.

Ensuite on présentera la théorie de la « relaxation quadrupolaire » qui est le mécanisme principal de la relaxation des ions sodium dans les milieux qui nous intéressent ici. Quantitativement, la forme de raie résulte de la superposition de deux exponentielles décroissantes, l'une avec une constante de temps dite lente (T_{2slow}) à laquelle correspond la composante fine de la raie, l'autre avec une constante de temps dite rapide (T_{2fast}) à laquelle correspond la composante large de la raie. Les expressions théoriques de ces temps de relaxation seront données en fonction du temps de corrélation du mouvement modulant l'interaction responsable de la relaxation, l'interaction quadrupolaire dans le cas présent [20].

Enfin, on pourra relier ces deux descriptions, échange de spin 1/2 entre sites magnétiquement inéquivalents et relaxation quadrupolaire, pour une description de la relaxation des ions sodium en présence d'un échange entre deux sites. Cette description permet de comprendre, au moins qualitativement, le comportement général de la relaxation des ions sodium pour différents environnements, soit liés à des macromolécules, soit « libres » en solution fluide, soit encore en échange entre ces deux sites. La relaxation des ions sodium constitue ainsi une sonde des milieux biologiques hétérogènes auxquels on a affaire dans cette étude.

2.1.2 Equations de Bloch en présence d'échange chimique.

Les équations de Bloch décrivant l'évolution au cours du temps de l'aimantation nucléaire macroscopique d'un spin 1/2, modifiées pour prendre en compte un échange chimique entre deux sites A et B s'écrivent [19] :

$$\frac{d(\Delta M_{zA})}{dt} = -\Delta M_{zA}\left(\frac{1}{T_{1A}} + \frac{1}{\tau_A}\right) + \frac{\Delta M_{zB}}{\tau_B}$$

$$\frac{d(\Delta M_{zB})}{dt} = -\Delta M_{zB}\left(\frac{1}{T_{1B}} + \frac{1}{\tau_B}\right) + \frac{\Delta M_{zA}}{\tau_A}$$

$$\frac{d(M_A^+)}{dt} = -M_A^+\left(\frac{1}{T_{2A}} + \frac{1}{\tau_A} - i(\omega_A - \omega)\right) + \frac{M_B^+}{\tau_B}$$

(2.1)

$$\frac{d(M_B^+)}{dt} = -M_B^+\left(\frac{1}{T_{2B}} + \frac{1}{\tau_B} - i(\omega_B - \omega)\right) + \frac{M_A^+}{\tau_A}$$

où τ_A et τ_B sont les durées de vie respectives des sites A et B. T_{1A}, T_{2A} et T_{1B}, T_{2B} sont les temps de relaxation longitudinaux et transversaux, intrinsèques des sites A et B, respectivement. Enfin, ω_A et ω_B sont les fréquences de résonance correspondantes.

Les aimantations dont on décrit l'évolution dans les équations ci – dessus sont reliées aux composantes M_x, M_y, et M_z de chaque site par :

$$\Delta M_{zj} = M_{zj} - M_{zj}^0$$

(2.2)

$$M_j^+ = M_{xj} + iM_{yj}$$
$$j = A, B$$

Le symbole 0 dénote l'aimantation longitudinale à l'équilibre thermodynamique, pour chacun des sites.

En remarquant que pour les ions sodium, $\omega_A = \omega_B$, on peut réécrire les équations ci –dessus en omettant le terme de précession de Larmor. Sous forme matricielle, chacune de ces équations s'écrit sous la forme,

$$\frac{d}{dt}\begin{pmatrix} M_A \\ M_B \end{pmatrix} = \begin{pmatrix} -\dfrac{1}{T_A} & \dfrac{1}{\tau_B} \\ \dfrac{1}{\tau_A} & -\dfrac{1}{T_B} \end{pmatrix} \cdot \begin{pmatrix} M_A \\ M_B \end{pmatrix}$$

(2.3)

En exprimant les solutions comme une combinaison linéaire d'exponentielles, l'équation différentielle (2.3) se réduit à une équation aux valeurs propres. Les valeurs propres sont les constantes de temps des exponentielles et les vecteurs propres forment une base pour le développement des solutions dont les coefficients sont donnés par les conditions initiales.

La solution générale de cette équation peut donc s'écrire sous la forme :

$$M_A(t) = a_1 \exp(\lambda^+ t) + a_2 \exp(\lambda^- t)$$

(2.4)

$$M_B(t) = b_1 \exp(\lambda^+ t) + b_2 \exp(\lambda^- t)$$

Les constantes de temps sont données par :

$$\lambda^\pm = \frac{1}{2}\left\{ -\frac{1}{T_A} - \frac{1}{T_B} \pm \sqrt{\left[\left(\frac{1}{T_B} - \frac{1}{T_A}\right)^2 + \frac{4}{\tau_A \tau_B}\right]} \right\}$$

(2.5)

et où les amplitudes $a_{1,2}$ et $b_{1,2}$ sont déterminées par les conditions initiales, et dont le rapport est défini par :

$$b_1 = \beta^+ a_1$$
$$b_2 = \beta^- a_2$$

(2.6)

$$\beta^\pm = \tau_B\left[\lambda^\pm + \frac{1}{T_A} \right]$$

Un cas limite particulièrement intéressant pour l'utilisation des ions comme une sonde de l'environnement local au sein de macromolécules apparaît lorsque les temps de relaxation et le temps de vie pour le site B, par exemple, sont beaucoup plus faibles que pour le site A.

16

Dans ce cas, λ^- est beaucoup plus grand que λ^+. En pratique, seule la composante λ^+ sera observée, la composante λ^- aura déjà disparue durant le « temps mort » du récepteur. La décroissance apparaît dans ce cas, mono exponentielle avec :

$$\lambda_{longitudinal}^{+} \approx -\frac{1}{T_{1A}} - \frac{p_B}{p_A}\left(\frac{1}{T_{1B}+\tau_B}\right)$$

et   (2.7)

$$\lambda_{transverse}^{+} \approx -\frac{1}{T_{2A}} - \frac{p_B}{p_A}\frac{1}{\tau_B}\left(\frac{\dfrac{1}{T_{2B}}\left(\dfrac{1}{T_{2B}}+\dfrac{1}{\tau_B}\right)+\Delta\omega^2}{\left(\dfrac{1}{T_{2B}}+\dfrac{1}{\tau_B}\right)^2+\Delta\omega^2}\right)$$

Dans les expressions ci dessus, on a limité le développement de λ^+ à l'ordre 0 en τ_B et T_{2B}. $\Delta\omega$ est la différence de déplacement chimique entre les sites, s'il existe, et $p_{A,B}$ sont les proportions relatives des populations des sites A et B. Les populations relatives et les temps de vie des sites A et B sont reliés par une expression fondamentale :

$$p_B/p_A = \tau_B/\tau_A.$$ (2.8)

qui implique que les constantes de temps apparentes de relaxation peuvent être modifiées simplement par le changement des populations pour l'un ou l'autre des deux sites.

2.1.3 Relaxation quadupolaire

En toute rigueur, l'aimantation d'un ensemble de noyaux dont le spin est supérieur à 1/2 ne peut pas être décrite par les équations phénoménologiques de Bloch. Cela est vrai aussi bien pour la prédiction du signal que pour la description de la relaxation. On doit avoir recours ici au formalisme de la matrice densité. Dans ce formalisme, l'évolution dans le temps de la matrice densité réduite, χ, s'écrit [20]:

$$\chi = \sigma(t) - \sigma(0)$$ (2.9)

où $\sigma(t)$ est la matrice densité exprimée sur la base des fonctions de spin seules. L'évolution dans le temps des éléments de la matrice χ résulte de l'équation différentielle :

$$\frac{d\langle i|\chi|j\rangle}{dt} = i\omega(m_i - m_j)\langle i|\chi|j\rangle + \sum_{i,j} R(i,i',j,j')\langle i'|\chi|j'\rangle \tag{2.10}$$

où les m_i sont les valeurs propres de la composante I_z de l'opérateur de spin nucléaire, $|i\rangle$ les vecteurs propres associés et R est la matrice de relaxation. La dérivée par rapport au temps de l'équation (2.10) peut encore s'écrire sous forme matricielle comme la dérivée du vecteur constitué des éléments de base χ_i:

$$\frac{d}{dt} \begin{pmatrix} \chi_1 \\ \chi_2 \\ \cdot \\ \cdot \end{pmatrix} = R \begin{pmatrix} \chi_1 \\ \chi_2 \\ \cdot \\ \cdot \end{pmatrix} \tag{2.11}$$

Bull a montré [20,21] que les vitesses de relaxation sont obtenues en résolvant une équation de degré I si I est entier et de degré I+1/2 si I = (2n+1)/2. Dans le cas de la relaxation d'un spin 3/2, R est donc une matrice de dimensions 16x16, mais le problème se simplifie en ordonnant les éléments de base χ_i de telle sorte que R prend la forme diagonale suivante :

$$R = \begin{pmatrix} R^L & 0 & 0 & \cdot & \cdot \\ 0 & R^T & 0 & \cdot & \cdot \\ 0 & 0 & R^{T'} & \cdot & \cdot \\ \cdot & \cdot & \cdot & \cdot & \cdot \\ \cdot & \cdot & \cdot & \cdot & \cdot \end{pmatrix} \tag{2.12}$$

En particulier (R^L) est une matrice 4x4 dont les solutions décrivent la relaxation longitudinale. De même, (R^T) et $(R^{T'})$ sont des matrices 2x2 et 1x1 respectivement, dont les solutions décrivent la relaxation transversale.

Puisque (R^L) est une matrice 4x4, il existe 4 vecteurs propres et 4 valeurs propres correspondantes. Cependant, l'aimantation longitudinale I_z peut s'exprimer comme la combinaison linéaire de seulement 2 vecteurs. Soit :

$$\langle I_z(t)\rangle - \langle I_z^0\rangle = \langle I_z(0)\rangle - \langle I_z^0\rangle \left(\frac{1}{5}\exp(-r_2 t) + \frac{4}{5}\exp(-r_1 t) \right) \tag{2.13}$$

où:

$$r_2 = \frac{1}{10}(1+\frac{1}{3}\eta^2)\left(\frac{e^2Qq}{\hbar}\right)^2\left[\frac{\tau_c}{\left(1+\omega^2\tau_c^2\right)}\right]$$

(2.14)

$$r_1 = \frac{1}{10}(1+\frac{1}{3}\eta^2)\left(\frac{e^2Qq}{\hbar}\right)^2\left[\frac{\tau_c}{\left(1+4\omega^2\tau_c^2\right)}\right]$$

et où ($e^2qQ/\hbar$) représente la constante de couplage quadrupolaire, τ_c est le temps de corrélation du mouvement modulant cette interaction, ω est la fréquence de résonance et η est le facteur d'assymétrie du gradient de champ électrique. De la même manière, on obtient les équations suivantes pour la relaxation transversale:

$$\langle I_x(t)\rangle + i\langle I_y(t)\rangle = \left[\langle I_x(0)\rangle + i\langle I_y(0)\rangle\right]\exp(-i\omega t)\left[\frac{3}{5}\exp(-s_2 t)+\frac{2}{5}\exp(-s_1 t)\right]$$

(2.15)

où I_x et I_y sont les composantes x et y de l'opérateur de spin nucléaire, respectivement, et

$$s_2 = K\left[\tau_c + \frac{\tau_c}{\left(1+\omega^2\tau_c^2\right)}\right]$$

$$s_1 = K\left[\frac{\tau_c}{\left(1+\omega^2\tau_c^2\right)}+\frac{\tau_c}{\left(1+4\omega^2\tau_c^2\right)}\right]$$

(2.16)

$$K = \frac{1}{20}(1+\frac{1}{3}\eta^2)\left(\frac{e^2Qq}{\hbar}\right)^2$$

Relations entre les composantes rapides et lentes de la relaxation transverse.

La relaxation transversale, comme la relaxation longitudinale, est donc bi exponentielle en dehors de la condition de rétrécissement extrême ($\omega_0\tau_c \ll 1$).

Dans le formalisme présent, l'indice 2 représente la composante rapide et l'indice 1 la composante lente.

Les populations respectives des deux composantes pour T_1 et T_2 sont déterminés et indépendantes des temps de relaxation intrinsèques.

Le rapport des constantes de temps des composantes de la relaxation transversale ($k_2=s_2/s_1$) et longitudinale ($k_1=r_2/r_1$) ne dépendent que du produit $\omega_0\tau_c$. Cette dépendance est montrée à la figure suivante :

19

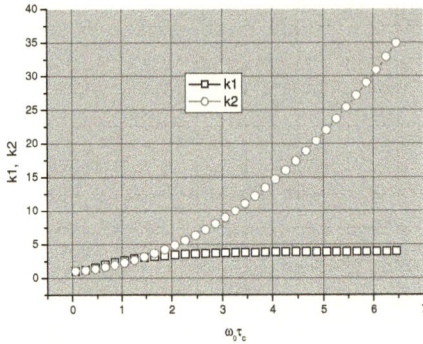

Fig.2.2 Dépendance théorique du rapport des constantes de temps de la relaxation longitudinale (noir) et transversale (rouge) en fonction de $(\omega_0\tau_c)$

Lorsque le mouvement est rapide $(\omega_0\tau_c < 2)$ le rapport des temps de relaxation des deux composantes pour les mécanismes T_1 et T_2 est pratiquement identique pour les deux types de relaxation. Mais à partir de cette valeur, le rapport k_1 reste pratiquement constant, tandis que k_2 continue à augmenter. La relaxation transversale, et en particulier le rapport des deux composantes s_1 et s_2, apparaît donc plus sensible à la caractéristique des mouvements moléculaires que la relaxation longitudinale.

2.1.4 Echange chimique dans le cas du spin 3/2 :

On peut distinguer trois cas principaux d'échange.

- Echange lent : $\tau \gg T_1, T_2$. Le déclin de la relaxation est simplement une superposition des différents déclins de chaque population, indépendamment de τ.
- Echange intermédiaire : $\tau \approx T_1, T_2$. Les populations peuvent encore être distinguées en principe, mais les valeurs expérimentales obtenues pour les paramètres de relaxation vont dépendre de τ et de la fraction relative des populations impliquées dans l'échange. Les temps de relaxation et les amplitudes expérimentaux seront apparents.

20

- Echange rapide : $\tau \ll T_1, T_2$. Dans ce cas, un compartiment hétérogène apparaîtra comme un système homogène caractérisé par un seul ensemble de paramètres de relaxation. Ces paramètres seront la moyenne pondérée des contributions des diverses populations en échange, indépendamment de τ.

Ces différents cas de figure que l'on peut rencontrer simultanément dans un système biologique hétérogène montre la difficulté qu'il peut y avoir à interpréter quantitativement les mesures de relaxations sur ces systèmes. Une difficulté supplémentaire résulte des propriétés de relaxation quadrupolaire qui implique l'existence de plusieurs temps de relaxation pouvant être très différents. *Ainsi, l'échange peut être lent par rapport à une des composantes et intermédiaire ou rapide par rapport à l'autre.*

Dans la suite, on se limitera à un cas limite que l'on pourra traiter rigoureusement. Il permet de mettre en évidence certaines conséquences de l'échange sur les paramètres de relaxation du sodium qu'on rencontrera dans les systèmes étudiés.

Une des hypothèses implicites pour la dérivation des équations qui décrivent l'effet de l'échange chimique sur la relaxation (paragraphe 2.1.1) est que cette relaxation est mono-exponentielle dans chacun des sites en échange. Cette hypothèse est généralement valable pour la relaxation quadrupolaire si les deux sites sont dans des conditions de rétrécissement extrême ($\omega^2 \tau_c^2 \ll 1$). Au contraire, si dans au moins l'un des sites cette condition n'est plus vérifiée (en d'autres termes, si la relaxation y est bi-exponentielle) les équations de Bloch du paragraphe 2.1.1 ne sont plus valables. Dans ce cas, on devra recourir au formalisme de la matrice densité.

Pour deux sites en échange A et B, la matrice densité décrivant le système peut, tout d'abord, être décomposé comme le produit direct ($\sigma = \sigma_A \times \sigma_B$) des matrices correspondantes aux sites A et B. L'équation décrivant l'évolution dans le temps de la matrice densité est donc :

$$\frac{d\sigma}{dt} = \frac{d\sigma_A}{dt}\sigma_B + \frac{d\sigma_B}{dt}\sigma_A \qquad (2.17)$$

Une hypothèse importante est que le transfert est « instantané ». Autrement dit, aucun changement d'état ne se produit pendant le passage d'un noyau du site A au site B ou réciproquement. En d'autres termes, le noyau en échange conserve la mémoire magnétique de

21

l'état qu'il avait immédiatement avant le transfert, mais cet état est perturbé lorsqu'il atteint le nouveau site. Ainsi, l'échange se traduit par une perturbation de la relaxation du noyau en question pour peu que les sites en échange soient magnétiquement inéquivalents (du point de vue de la relaxation). Dans ce cas, l'échange couple simplement χ_{Ai} avec χ_{Bi}. :

$$\frac{d\chi_{Ai}}{dt} = \sum_j \left(R_{i,j}^A \chi_{Aj} \right) - \frac{\chi_{Ai}}{\tau_A} + \frac{\chi_{Bi}}{\tau_B}$$

(2.18)

$$\frac{d\chi_{Bi}}{dt} = \sum_j \left(R_{i,j}^B \chi_{Bj} \right) - \frac{\chi_{Bi}}{\tau_B} + \frac{\chi_{Ai}}{\tau_A}$$

La correspondance avec les équations de Bloch est immédiate. De la même manière que dans le cas de la relaxation sans échange, les équations ci dessus peuvent s'écrire sous forme matricielle comme:

$$\frac{d}{dt}\begin{pmatrix} \chi_{A1} \\ \chi_{A2} \\ \cdot \\ \cdot \\ \chi_{B1} \\ \chi_{B2} \\ \cdot \end{pmatrix} = \left(\begin{pmatrix} R_A^L & 0 \\ 0 & R_B^L \end{pmatrix} + \begin{pmatrix} -\dfrac{1}{\tau_A} & \dfrac{1}{\tau_B} \\ \dfrac{1}{\tau_A} & -\dfrac{1}{\tau_B} \end{pmatrix} \right) \cdot \begin{pmatrix} \chi_{A1} \\ \chi_{A2} \\ \cdot \\ \cdot \\ \chi_{B1} \\ \chi_{B2} \\ \cdot \end{pmatrix}$$

(2.19)

et, après diagonalisation des matrices $R^L{}_A$ et $R^L{}_B$, on obtient :

$$\begin{pmatrix} v_{A1} \\ v_{A2} \\ \cdot \\ \cdot \\ v_{B1} \\ v_{B2} \\ \cdot \end{pmatrix} = \left(\begin{pmatrix} r_A & 0 \\ 0 & r_B \end{pmatrix} + \begin{pmatrix} -\dfrac{1}{\tau_A} & \dfrac{1}{\tau_B} \\ \dfrac{1}{\tau_A} & -\dfrac{1}{\tau_B} \end{pmatrix} \right) \cdot \begin{pmatrix} v_{A1} \\ v_{A2} \\ \cdot \\ \cdot \\ v_{B1} \\ v_{B2} \\ \cdot \end{pmatrix}$$

(2.20)

En effectuant les substitutions suivantes :

$$M_A \rightarrow v_{Ai}$$
$$M_B \rightarrow v_{Bi}$$

(2.21)

$$\frac{1}{T_A} \rightarrow r_{Ai} + \frac{1}{\tau_A}$$
$$\frac{1}{T_B} \rightarrow r_{Bi} + \frac{1}{\tau_B}$$

on obtient les équations décrivant l'évolution de l'aimantation longitudinale:

$$\langle I_{Az}(t) \rangle - \langle I_{Az}(0) \rangle = v_{A1} + 2v_{A2}$$

$$\langle I_{Bz}(t) \rangle - \langle I_{Bz}(0) \rangle = v_{B1} + 2v_{B2}$$

(2.22)

Les équations décrivant l'évolution de l'aimantation transversale s'obtiennent exactement de la même manière.

Dans le cas le plus général, la relaxation d'un spin 3/2 en échange est la somme de 4 exponentielles dont chaque constante de temps dépend à la fois de la relaxation intrinsèque de chaque site et des temps d'échange.

Pour le cas limite, discuté dans le paragraphe 2.1.1 pour les spins 1/2 en échange, on obtient :

$$\langle I_z(t) \rangle - \langle I_z(0) \rangle = \langle I_{Az}(t) \rangle - \langle I_{Az}{}^0 \rangle =$$
$$\left(\langle I_{Az}(0) \rangle - \langle I_{Az}{}^0 \rangle \right) \left(\frac{1}{5} \exp(-c_1 t) + \frac{4}{5} \exp(-c_2 t) \right)$$

avec

(2.23)

$$c_i = r_{Ai} + \frac{p_B}{p_A} \left(\frac{1}{\frac{1}{r_{Bi}} + \tau_B} \right)$$

De la même manière, l'évolution de l'aimantation transversale est donnée par :

23

$$\langle I_x(t)\rangle + i\langle I_y(t)\rangle = \langle I_{Ax}(t)\rangle + i\langle I_{Ay}(t)\rangle =$$

$$\left(\langle I_{Ax}(0)\rangle + i\langle I_{Ay}(0)\rangle\right)\left(\exp{-i\omega_A t}\right)\left(\frac{3}{5}\exp(-d_1 t) + \frac{2}{5}\exp(-d_2 t)\right)$$

avec

(2.24)

$$d_i = s_{Ai} + \frac{p_B}{p_A}\frac{1}{\tau_B}\left[\frac{s_{Bi}\left(s_{Bi} + \dfrac{1}{\tau_B}\right) + \Delta\omega^2}{\left(s_{Bi} + \dfrac{1}{\tau_B}\right)^2 + \Delta\omega^2}\right]$$

Dans le cas où le site A est en condition de rétrécissement extrême, $r_{A1} = r_{A2} = 1/T_{1A}$ et $s_{A1} = s_{A2} = 1/T_{2A}$, l'équation ci-dessus se simplifie :

$$\frac{1}{T_1^{\text{apparent}}} \approx \frac{1}{T_{1A}} + \frac{p_B}{p_A}\left(\frac{0.2}{\dfrac{1}{r_{B1}} + \tau_B} + \frac{0.8}{\dfrac{1}{r_{B2}} + \tau_B}\right)$$

(2.25)

$$\frac{1}{T_2^{\text{apparent}}} \approx \frac{1}{T_{2A}} + \frac{p_B}{p_A}\left\{\frac{0.6}{\tau_B}\left[\frac{s_{B1}\left(s_{B1} + \dfrac{1}{\tau_B}\right) + \Delta\omega^2}{\left(s_{B1} + \dfrac{1}{\tau_B}\right)^2 + \Delta\omega^2}\right] + \frac{0.4}{\tau_B}\left[\frac{s_{B2}\left(s_{B2} + \dfrac{1}{\tau_B}\right) + \Delta\omega^2}{\left(s_{B2} + \dfrac{1}{\tau_B}\right)^2 + \Delta\omega^2}\right]\right\}$$

Pour le cas ou $\Delta\omega = 0$ (c'est le cas pour le sodium), les temps apparents de relaxation transversale deviennent :

$$\frac{1}{T_2^{\text{apparent}}} \approx \frac{1}{T_{2A}} + \frac{p_B}{p_A}\left\{\frac{0.6}{\tau_B}\left[\frac{s_{B1}}{\left(s_{B1} + \dfrac{1}{\tau_B}\right)}\right] + \frac{0.4}{\tau_B}\left[\frac{s_{B2}}{\left(s_{B2} + \dfrac{1}{\tau_B}\right)}\right]\right\}$$

(2.26)

2.1.5 Conclusions

En présence de l'effet d'échange les temps de relaxation transversale et longitudinale observés à partir d'une expérience RMN sont des temps de relaxation apparents. Les populations correspondantes sont aussi des populations apparentes. Le régime de l'échange peut très facilement être modulé en modifiant la proportion des populations en présence.

Pour le seul cas limite où les temps de relaxation et le temps de vie pour le site lié, B par exemple, sont beaucoup plus faibles que pour le site A, l'expression obtenue pour les constantes de relaxation apparentes du site majoritaire (A), dans le cas de spin 3/2, se rapproche de celle obtenue pour le spin 1/2. La différence est que cette expression contient la contribution des deux temps de relaxation intrinsèques du site lié.

Le temps de relaxation transversale est sensible au temps de corrélation du mouvement sur une échelle plus importante que le temps de relaxation longitudinale. Il en résulte que T_1 est moins sensible à l'échange. Ceci justifie que l'on se soit plutôt concentré sur les mesures de temps de relaxation transversale pour caractériser les compartiments dans les systèmes biologiques.

2.2 Filtrage Multi-quantum

2.2.1 Création de cohérences multi-quantum par relaxation multi-exponentielle.

Des cohérences multi-quantum peuvent être créées pour des systèmes de spin 1/2 couplés après évolution des aimantations sous l'effet du couplage spin-spin. Elles sont utilisées dans des techniques de filtrage dont la plus connue est le filtrage double-quantum des expériences à deux dimensions de corrélation homonucléaire.

Pekar et Leigh [6] ont montré que des cohérences multi-quantum peuvent être aussi excités pour des spins nucléaires non couplés $I \geq 3/2$ lorsque leur relaxation est multi –exponentielle. C'est le cas de ions sodium liés à des macromolécules dont la relaxation quadrupolaire, en dehors des conditions de rétrécissement extrême, leur confère une caractéristique bi-exponentielle. Au contraire, lorsque les ions sont libres en solution, la relaxation devient mono-exponentielle et la création de cohérence multi-quantum est exclue. Ainsi, une technique de filtrage dans laquelle l'aimantation passe transitoirement par des cohérences multi-quantum permet de sélectionner les signaux provenant des seuls ions liés aux (ou au voisinage de) macromolécules où les conditions de rétrécissement extrême ne sont plus remplies.

Jaccard et al [7] ont montré qu'une description tensorielle de la relaxation quadrupolaire est particulièrement bien adaptée à la description des expériences de RMN à plusieurs quanta et c'est elle que l'on va utiliser ici.

Dans ce formalisme, l'opérateur densité $\sigma(t)$ est développé sur une base d'opérateurs tensoriels comme :

$$\sigma(t) = \sum_{l=0}^{2S} \sum_{p=-l}^{l} b_{l,p}(t) T_{l,p} \qquad (2.27)$$

où $T_{l,p}$ est un opérateur tensoriel irréductible de rang l et d'ordre p.

Une impulsion $\pi/2_{(y)}$ appliquée au système de spin 3/2 crée initialement une cohérence simple quantum déterminant l'état initial du système. En termes d'opérateurs tensoriels, cet état s'écrit comme :

$$\sigma(t=0) = T_{1,-1} - T_{1,+1}$$

La contribution de la relaxation transversale à l'évolution temporelle de l'opérateur densité prend la forme suivante :

$$\sigma(t) = f_{11}^{(1)}(t)\left(T_{1,-1} - T_{1,+1}\right) + f_{31}^{(1)}(t)\left(T_{3,-1} - T_{3,+1}\right)$$

où

$$f_{11}^{(1)}(t) = \frac{1}{5}\left[3\exp(-R_f^{(1)}t) + 2\exp(-R_s^{(1)}t)\right] \qquad (2.28)$$

$$f_{31}^{(1)}(t) = \frac{\sqrt{6}}{5}\left[\exp(-R_f^{(1)}t) - \exp(-R_s^{(1)}t)\right]$$

Le premier terme $f_{11}^{(1)}$ de l'équation (2.28) décrit la relaxation des cohérences à simple quantum (mesurée par CPMG par exemple) tandis que le dernier terme $f_{31}^{(1)}$ décrit l'amplitude des cohérences $T_{3,\pm 1}$ qui apparaissent au cours du temps si la relaxation est bi-exponentielle (dans le cas contraire, $f_{31}^{(1)}$ est nul pour tout t). On doit remarquer ici que cette évolution est décrite par la différence de deux exponentielles. L'amplitude totale $f_{31}^{(1)}$ croît (en valeur absolue) avec la vitesse la plus rapide $R_f^{(1)}$ puis décroît ensuite lentement avec la vitesse $R_s^{(1)}$. D'autre part, ces cohérences ne donnent pas directement lieu à un signal, mais doivent au préalable être transformées en cohérence $T_{1,-1}$ seules détectables. Cela sera réalisé au cours du temps par le même mécanisme (de relaxation bi-exponentielle) qui les a créées à partir des opérateurs initiaux $T_{1,-1}$ et $T_{1,+1}$. La « mesure » de $f_{31}^{(1)}$ et donc l'évaluation du caractère bi-exponentielle se fera par une technique de filtrage permettant d'isoler les cohérences correspondantes de rang 3.

Une impulsion d'angle β et de phase φ transforme un opérateur tensoriel $T_{l,p}$ comme :

$$T_{l,p} \rightarrow \sum_{p=-l}^{l} T_{l,p} d_{p',p}^{l}(\beta)\exp(-i\Delta\varphi) \qquad (2.29)$$

et fait apparaître ainsi des opérateurs d'ordre p' ≠ p, correspondant à un nouvel ordre de cohérence. D'une manière générale, une impulsion radiofréquence produit presque toujours des changements d'ordre de cohérence, mais ne modifie pas le rang de l'opérateur.

Ainsi, les opérateurs de rang 3 de l'équation (2.28), qui n'existent que lorsque la relaxation du spin 3/2 est bi-exponentielle, peuvent être transformés en cohérences triple quantum ($T_{3,\pm 3}$), où en cohérences double quantum ($T_{3,\pm 2}$). Le passage temporaire par ces cohérences permet ainsi de caractériser les propriétés de relaxation bi-exponentielle du sodium lorsqu'il est lié.

27

Une séquence d'impulsion permettant de réaliser cette sélection est montrée à la figure suivante avec les chemins de cohérences, pour un spin de 3/2.

Séquence TQF et chemin de cohérence

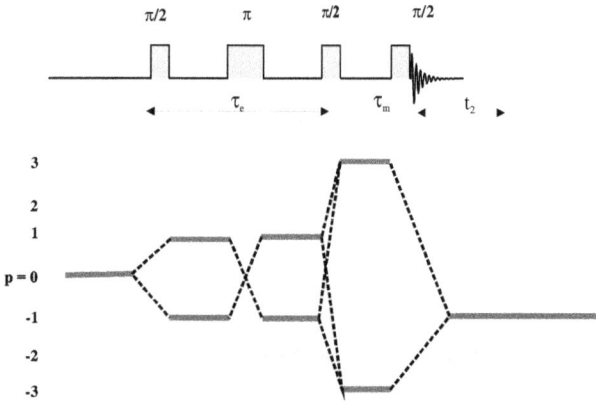

Cette séquence standard permet d'évaluer expérimentalement le facteur $f_{31}^{(1)}$ de relaxation transversale. A la fin de la période de « création » τ_e (un écho de spin permet de refocaliser les hétérogénéités de B_0 qui détruiraient autrement les cohérences créées par la première impulsion), les opérateurs $T_{1,\pm1}$ et $T_{3,\pm1}$ seront présent après avoir évolué selon l'équation (2.28). En fonction de la phase de la seconde impulsion $\pi/2$, ces cohérences pourront être converties en cohérence double ($T_{3,\pm2}$) ou triple ($T_{3,\pm3}$) quantum. Un cyclage de phase approprié (annexe A) permettra de sélectionner l'une ou l'autre voie. L'impulsion finale convertira enfin ces cohérences, double ou triple quantum, en cohérences simple quantum $T_{3,\pm1}$ qui évolueront (grâce à la relaxation bi-exponentielle) pendant la période d'acquisition en cohérences $T_{1,\pm1}$ pour donner lieu au signal caractéristique, après Transformée de Fourier, d'une différence de deux lorentziennes (annexe A).

On peut montrer que l'opérateur densité correspondant aux cohérences observables après le filtre double ou triple quantum est donné par :

$$\sigma^{DQF}(t_2) = \frac{10}{16} T_{1,-1} f_{31}^{(1)}(\tau_e) f_{31}^{(1)}(t_2) \cos 2\varphi \qquad\qquad (2.30a)$$

$$\sigma^{TQF}(t_2) = \frac{15}{16} T_{1,-1} f_{31}^{(1)}(\tau_e) f_{31}^{(1)}(t_2) i \sin 3\varphi \qquad\qquad (2.30b)$$

φ est la phase de la seconde impulsion $\pi/2$ qui crée les cohérences double ou triple quantum. On remarque dans les équations (2.30), qu'au terme de phase près, le signal résultant du filtre triple quantum est 50% plus élevé que celui résultant du filtre double quantum. Pour cette raison, le filtre TQF est souvent préféré, mais nécessite l'utilisation de phases multiple de 30°.

2.2.2 Comparaison des temps de relaxation obtenus par filtrage et par CPMG

Les équations (2.28) sont valides lorsque l'échantillon est homogène et lorsque la relaxation peut y être déduite de mouvements décrits par un seul temps de corrélation τ_c. Dans ce cas, les paramètres de relaxation peuvent être obtenus de manière précise, aussi bien par la technique « quantique » de filtrage décrite ici que par la méthode « classique » de relaxation directe décrite précédemment. Dans des systèmes où un échange existe entre sites distincts du point de vue des propriétés de relaxation, l'hypothèse d'un seul temps de corrélation décrivant la modulation des interactions magnétiques responsables de la relaxation n'est plus valable. C'est le cas des noyaux à spin 3/2 placés dans toutes les conditions rencontrées ici, que ce soit pour les gels d'agarose, les solutions aqueuses de macromolécules, les espaces intra et extracellulaire et les tissus ; en un mot, toutes les situations rencontrées pour des systèmes biologiques. Le point commun pour toutes ces conditions est l'existence d'une distribution de temps de corrélation plus ou moins modulée par des processus d'échange dont les vitesses dépendront de manière critique des populations en présence.

Dans le cas des mesures directes de la relaxation des cohérences simple quantum (CPMG), l'effet de l'échange ne peut être décrit rigoureusement que pour des espèces pour lesquelles les conditions de rétrécissement extrême sont vérifiées.

Au contraire, dans le cas des mesures faisant appel à un filtrage par l'intermédiaire des cohérences triple (ou double) quantum, le traitement s'applique aux espèces pour lesquelles

les conditions de rétrécissement extrême ne sont plus vérifiées (auquel cas la relaxation peut être effectivement bi-exponentielle) mais en l'absence d'échange.

Il est clair qu'ainsi l'étude d'un système biologique, vis à vis du rôle du sodium, ne pourra être complète par aucune des deux approches prises séparément. En particulier, le couplage entre les populations d'ions sodium libres et liés induit par l'échange, va altérer à la fois, mais différemment les mesures en CPMG et en TQF. Dans cette étude, on s'est donc attaché, autant que possible, à comparer les résultats obtenus par les deux approches, à simple quantum et par filtrage multi-quantum.

2.3 Principes de l'analyse des déclins multi-exponentiels par Décomposition en Valeurs Singulières (SVD).

L'analyse quantitative d'une observation physique constitue un pas important pour l'évaluation du système exploré. En RMN, cela signifie que les signaux dépendant du temps doivent être correctement interprétés en terme de paramètres physiques, tel que les fréquences, les constantes de temps de décroissance et les amplitudes. Ces paramètres sont ensuite interprétés à leur tour en termes de propriétés biochimiques et biomédicales tels que la distribution des populations de noyaux d'intérêt et leur mobilité. Ces propriétés donnent au noyau la qualité d'être une sonde interne et locale pour l'investigation non invasive de l'état du système.

Le sodium est abondant dans les systèmes biologiques. La fréquence de résonance de cet ion est indépendante de l'environnement, mais ses caractéristiques de relaxation sont au contraire porteuses d'information, grâce à ses propriétés quadrupolaires. Par conséquent une estimation précise des paramètres de relaxation (vitesse de décroissance et amplitude correspondante) est souhaitable.

Ces paramètres sont habituellement obtenus par différentes méthodes d'ajustement qui sont principalement très sensibles au rapport signal/bruit. Grossièrement, ces méthodes peuvent être groupées en deux catégories ayant chacune leurs avantages et inconvénients.

Ces catégories se divisent en méthodes itératives et non itératives et sont présentées brièvement dans le tableau suivant :

Non itérative	Itérative
Les paramètres du modèle sont estimés *en une seule étape.*	Les paramètres du modèle sont estimés après *un nombre d'itérations pré établi*
Il *n'est pas nécessaire* de fournir des paramètres initiaux.	*On doit fournir des valeurs initiales* pour les paramètres qui ne doivent pas être trop éloignés de la solution pour assurer la convergence. En outre, la solution obtenue peut dépendre de ces valeurs initiales.
Aucune information a priori (nombre d'exponentielles) sur le système à analyser n'est nécessaire.	*Le modèle doit être connu a priori* pour fournir le nombre correct de valeurs initiales.
Le modèle *est limité aux fonctions exponentielles décroissantes*	*Il n'y a aucune limitation* dans la forme mathématique du modèle.
Le calcul est en *général efficace et stable.*	Le calcul *peut être instable* (cas de divergence)

La méthode SVD, présentée maintenant, fait partie de la famille des méthodes non itératives [22].

La première étape pour l'ajustement des déclins de relaxation en RMN est l'organisation des données en une matrice sur laquelle on applique le théorème SVD [23].

La matrice de données

Généralement le signal temporel issu d'une expérience de RMN (FID) peut s'exprimer de la manière suivante :

$$s_n = \sum_{k=1}^{K} c_k \varsigma_k^n + \varepsilon_n$$

où

n = 0......n-1 sont les indices des points d'échantillonnage

$C_k = a_k{}^*\exp(i\varphi_k)$ est l'amplitude complexe de la composante k

$\zeta_k{}^n = \exp[(-b_k + 2i\pi\upsilon_k)n\delta]$ est le pôle correspondant du signal.

δ est le pas d'échantillonnage

ε est la contribution du bruit.

A partir de la suite $\{s_n\}$ des valeurs enregistrées, on peut construire la matrice suivante :

$$S = \begin{matrix} s_0 & s_1 & s_2 & \cdots & s_{M-1} \\ s_1 & s_2 & s_3 & \cdots & s_M \\ s_2 & s_3 & s_4 & \cdots & s_{M+1} \\ \vdots & \vdots & \vdots & \vdots & \vdots \\ s_{L-1} & s_L & s_{L+1} & \cdots & s_{N-1} \end{matrix} = \left[s_{i+j-1} \right]$$

Où L et M doivent être très supérieure à K, le nombre de composantes du signal RMN, et obéir à la contrainte $L+M = N+1$. Cette matrice possède une structure de type Hankel, c'est à dire que les éléments anti diagonaux sont égaux. Cette construction est caractéristique des méthodes de prédiction linéaire [24].

Théorème de la décomposition en valeurs singulières de matrices réelles.

Pour toute matrice réelle S, de dimensions *mxn*, il existe deux matrices orthogonales U et V, vérifiant la relation :

$$\mathbf{U^T \cdot S \cdot V} = \text{diag}(\sigma_1..\sigma_p) \tag{2.31}$$

où $p = \min(m,n)$ et $\sigma_i \geq \sigma_{i+1}$ pour $i = 1..p$. Les valeurs de la matrice diagonale, σ_i, représentent les valeurs singulières de la matrice **S**.

Rang de la matrice S

Ces valeurs singulières peuvent être considérées comme la mesure du rang de la matrice. Du point de vue algébrique, une matrice a toujours un rang déterminé (la dimension du premier déterminant non nul) mais en pratique, les effets d'erreurs d'arrondi et le bruit de la mesure rendent délicate la détermination du rang.

La décomposition SVD permet de décrire efficacement la structure d'une matrice de données. En effet, si r est l'indice de la dernière valeur singulière non nulle (r est le rang de la matrice),

$$\sigma_1 \geq \sigma_2 \geq \ldots \geq \sigma_r = \ldots = \sigma_p = 0$$

alors on peut reconstruire une matrice, qui possède toutes les propriétés importantes de la matrice initiale et qu'on appelle la décomposition dyadique de S :

$$S = \sum_{i \leq r} u_i \sigma_i v_i^T \qquad (2.32)$$

Pour une matrice de données réelles, les valeurs singulières décroissent jusqu'à un « plateau » déterminé par le bruit. Cette valeur délimite en fait le rang de la matrice qui porte les informations utiles.

Considérons maintenant un signal constitué de K exponentielles décroissantes. Dans le cas idéal, sans bruit, le rang de la matrice de Hankel correspondante construite à partir de ces données est évidemment égale à K. Cela veut dire que l'analyse du rang de la matrice des données RMN donne directement le nombre de composantes présentes dans le système d'investigation [25].

La décomposition SVD donne aussi ce rang, lorsque les données contiennent du bruit. Cependant, le niveau du « plateau » à partir duquel on considère les valeurs singulières comme nulles ne doit pas être supérieur à la dernière valeur singulière caractéristique du signal. En d'autres termes, si le rapport sur bruit est suffisant, la décomposition SVD donne de manière objective la description des composantes existantes dans un système, *a priori*, inconnu.

2.3.1 Extraction des paramètres de relaxation (amplitudes et constantes de temps) par SVD.

D'après ce qui a été vu précédemment, les étapes du calcul sont les suivantes.

Tout d'abord, on forme à partir du vecteur des données expérimentales (amplitude des échos successifs par CPMG) une matrice avec la structure de Hankel. Cette matrice est décomposée par SVD, ce qui permet d'en déterminer son rang, donc le modèle (nombre d'exponentielles) à utiliser. D'autre part, ces valeurs singulières sont directement reliées aux constantes de temps des différentes composantes. La dernière étape consiste donc à calculer les amplitudes correspondantes en résolvant un système d'équations linéaires (surdéterminé) par SVD.

Pour les applications concernant l'analyse des déclins de relaxation, la matrice de Hankel carrée (de dimensions N/2 x N/2) est formée à partir des N points de données CPMG.

Le théorème de décomposition (paragraphe précédent) permet d'écrire cette matrice de Hankel sous la forme :

$$S = U\Sigma V^T \qquad (2.33)$$

en utilisant les propriétés d'orthonormalité des matrices U et V.

La matrice Σ est une matrice diagonale dont les éléments diagonaux sont les valeurs singulières.

Une factorisation supplémentaire permet d'écrire :

$$S = \left(U\Sigma^{1/2}\right)\left(\Sigma^{1/2}V^T\right) \qquad (2.34)$$

où les éléments de $\Sigma^{1/2}$ sont simplement les racines carrées des éléments diagonaux de Σ

D'autre part, les données expérimentales $\{S_k\}$ peuvent être factorisée en deux composantes, la contribution temporelle et la contribution des amplitudes, si l'échantillonnage en temps est linéaire. C'est la première condition pour pouvoir appliquer la méthode SVD.

Soit :

$$\vec{s}_k = C^T \vec{x}_k \qquad (2.35)$$

$$\vec{x}_{k+1} = A\vec{x}_k \qquad (2.36)$$

La matrice A est diagonale et de la forme $a_{ii} = \exp(-b_i\Delta t)$ où Δt est la période d'échantillonnage.

On peut montrer d'autre part que A est égale à :

$$A = \left(\Sigma^{-1/2} U^{T} \right) \tilde{S} \left(V \Sigma^{-1/2} \right) \qquad (2.37)$$

où $\tilde{S}$ est la matrice de Hankel modifiée (« shifted Hankel matrix ») : $\tilde{S} = \left[s_{i+j} \right]$

Les constantes de temps sont donc obtenues à partir de la diagonalisation de A, ce qui permet de calculer le vecteur $\vec{x}_k$ (équation 2.36). Les coefficients pré exponentiels sont retrouvés en résolvant le système d'équation linéaire (2.35).

On a transformé ainsi un problème non linéaire en problème linéaire.

Exemple :

Cette méthode est illustrée pour un déclin de relaxation obtenu expérimentalement dans la figure suivante.

Le nombre d'exponentielles impliquées dans le déclin n'est pas connu a priori. On voit que 3 valeurs singulières se détachent d'une ligne de base qui représente le niveau de bruit. Cela signifie que le déclin est décrit par la somme de 3 exponentielles. Le résultat de l'ajustement, représenté en rouge, s'accorde bien au déclin expérimental. Encore une fois, la méthode est très utile pour un système dont l'hétérogénéité ne permet pas de prévoir *a priori* le nombre de compartiments.

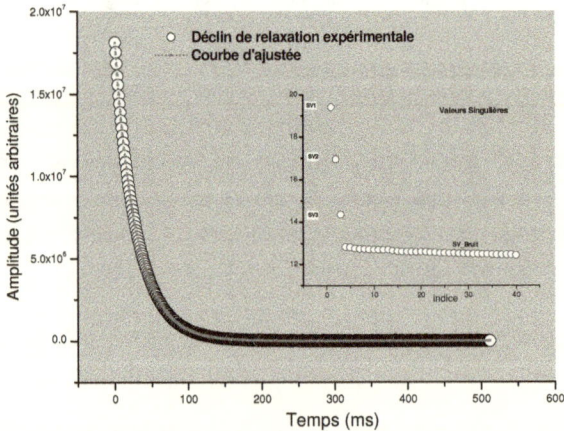

Fig.2.4 Exemple de déclin de relaxation ajusté par SVD

2.3.2 Fiabilité de la méthode.

Deux séries de simulation ont été effectuées dans le but d'évaluer le domaine de fiabilité de la méthode SVD, l'une en faisant varier le bruit, l'autre en faisant varier l'amplitude relative des signaux en provenance de deux compartiments.

Pour cela, on a simulé des déclins de relaxation rencontrés typiquement dans les systèmes étudiés ici. Un compartiment typique d'ion sodium libre est caractérisé par une décroissance mono-exponentielle avec une constante de temps T_{21} de 50 ms. Un second compartiment a été ajouté, avec une caractéristique bi-exponentielle. Les constantes de temps correspondantes ont été choisies à 18 et 4 ms, représentatives des constantes de temps T_{22}, « slow », et T_{23}, « fast », pour des ions sodium liés. L'amplitude de ce dernier compartiment a été partagée entre les deux composantes, suivant les rapports théoriques de 3/5 (fast) et 2/5 (slow). L'effet du bruit a été analysé en ajoutant un bruit gaussien w.

Le signal correspondant s'écrit sous la forme :

$$s_k(k\Delta t) = A_1 \exp\left(-\frac{k\Delta t}{T_{21}}\right) + A_2\left(0.4\exp\left(-\frac{k\Delta t}{T_{22}}\right) + 0.6\exp\left(-\frac{k\Delta t}{T_{23}}\right)\right) + w \qquad (2.38)$$

où s_k est l'échantillon k, au temps t=kΔt.

L'échantillonnage était réalisé toutes les 1.7 ms (Δt) et le nombre de point total était de 288, suffisant pour que le signal décroisse à la ligne de base pour les derniers points.

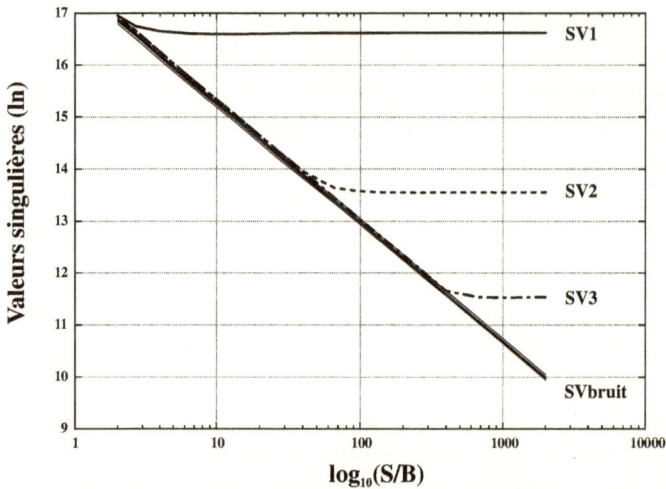

Fig. 2.5 Dépendance des valeurs singulières au rapport signal/bruit. L'amplitude relative des composantes « libres A_1 » et « liées A_2» est constante (A_1/ A_2 égale à 1, $A_1 = A_2 = 10^6$, w = 10^3 - 10^6).

Dans ces conditions, on détecte la présence de deux compartiments à partir d'un rapport signal/bruit d'environ seulement 70, mais le rapport signal/bruit nécessaire pour obtenir une information complète (3 exponentielles) doit être supérieur à 400.

Puisque la dynamique d'évolution des échantillons implique l'augmentation de la population de sodium lié (la population A_2) on a aussi simulé la dépendance des valeurs singulières en fonction du rapport A_2/A_1 pour un très bon rapport signal/bruit (40000) (Fig. 2.6).

Pour un rapport signal sur bruit plus réaliste, il suffit simplement de remonter la ligne correspondante à SVbruit. Par exemple, pour nos conditions expérimentales (S/B de l'ordre de 500), les valeurs singulières représentatives du bruit se situent à SV = 11 (ligne en pointillés de la Fig.2.6).

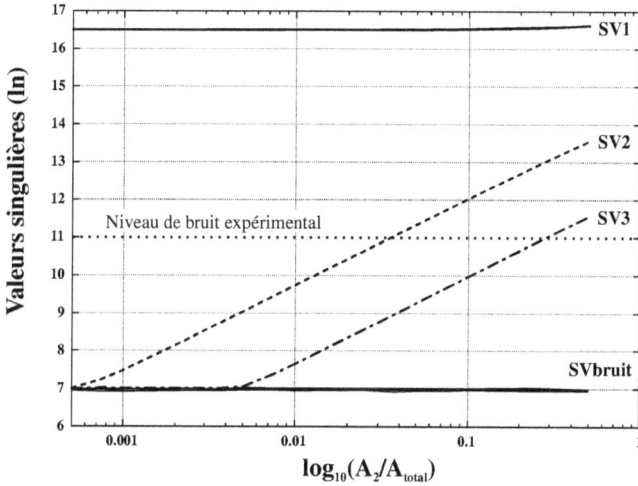

Fig. 2.6 Dépendance des valeurs singulières à la population relative du compartiment d'ions liés pour un rapport signal/bruit donné (w = 50. $A_{total} = A_1 + A_2 = 2\ 10^6$).

Pour un rapport signal/bruit typique des expériences de relaxation on commence à détecter deux compartiments à partir d'une population relative de 3% seulement. Pour caractériser complètement le système, dans les mêmes conditions de rapport signal/bruit, la population relative du compartiment lié doit atteindre 30% minimum.

Ces simulations montrent la sensibilité de la méthode SVD qui permet de détecter un compartiment de sodium lié à partir d'une population relative de seulement 3% dans des conditions de rapport signal sur bruit facile à obtenir dans une expérience CPMG. Cependant pour obtenir les caractéristiques complètes de relaxation dans tous les compartiments, un meilleur rapport signal sur bruit doit être envisagé. Ce rapport peut être obtenu à l'étape de caractérisation d'un nouveau système en accumulant un nombre suffisant de déclins. Par la suite, l'évolution du système pourra être suivie, avec une bonne sensibilité dans des conditions de rapport signal sur bruit moins strictes.

Les caractéristiques apparentes des paramètres de relaxation ont été évaluées pour un niveau de bruit typique en fonction de la population relative d'ions lié.

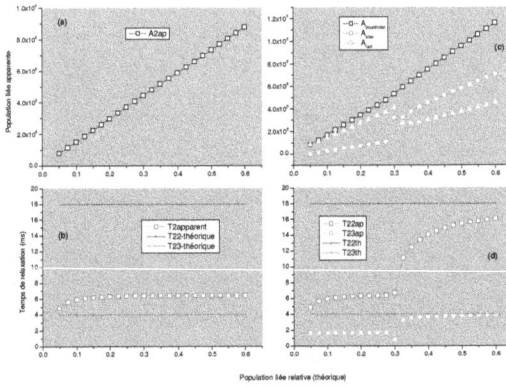

Fig. 2.7 Dépendance des paramètres de relaxation (relatif à la population liée) obtenus par un traitement à 2 exponentielles (a et b) et 3 exponentielles (c et d).

$(w = 3000. A_{total} = A_1 + A_2 = 2\ 10^6, A_2 = 10^5 - 1.2\ 10^6)$.

Lorsque le rang de la matrice est limité à 2 (Fig. 2.7 a et b), l'amplitude apparente représente convenablement la fraction réelle de population liée. Le temps de relaxation apparent est intermédiaire entre les deux temps réels, mais reste pratiquement constant dès que le niveau relatif de population liée dépasse 10%. Il représente une moyenne pondérée des constantes de temps réelles.

Lorsque le rang de la matrice est imposé à 3 (Fig. 2.7 c et d), la somme des amplitudes apparentes des deux composantes du compartiment lié représente encore correctement la proportion relative réelle. Au contraire, le rapport des amplitudes de chacune des composantes « fast » et « slow » du compartiment lié est éloigné du rapport théorique 1.5, lorsque $A_2/(A_1+A_2)$ est inférieure à 30%. Cette dernière valeur correspond en effet au moment où la troisième valeur singulière commence à se distinguer du bruit. Au-delà de cette limite le rapport théorique est atteint. De même, les constantes de temps apparentes sont très différentes des valeurs attendues en dessous de cette limite, et sont systématiquement sous

40

estimées au-delà. Cependant, la valeur correcte de la composante « fast » (T_{23}) est atteinte plus rapidement que celle correspondant à la composante « slow » (T_{22}). On doit remarquer que l'amplitude de la composante T_{22} est plus faible que celle de T_{23}. Ceci montre la sensibilité de l'évaluation des constantes de temps à l'amplitude de la composante correspondante par rapport au bruit. Par contre, l'évaluation de ces constantes apparaît moins sensible au temps d'échantillonnage Δt.

Les paramètres de relaxation relatifs à la population libre sont correctement déterminés dans tous les cas puisque d'un part, le compartiment correspondant est décrit par une mono-exponentielle et d'autre part, la population correspondante est supposée majoritaire.

Cette dernière simulation réalisée pour des conditions de mesures réelles montre que l'évaluation quantitative de la population d'ions liés est correcte même pour des populations relativement faibles pour lesquelles seulement la seconde valeur singulière se distingue du bruit. Indépendamment de cette évaluation quantitative, une population relative d'ions liés pourra néanmoins être détectée objectivement, par l'apparition d'une valeur singulière caractéristique, dès qu'elle atteint un seuil de quelques %.

Cela fait des valeurs singulières un critère objectif dans l'étude de l'évolution des systèmes biologiques.

CHAPITRE III

SYSTEMES MODELES

3.1 Agarose

3.1.1 Introduction :

L'étude de la relaxation du sodium dans des gels d'agarose de viscosité macroscopique variable, ainsi que la dépendance en fonction de la concentration en ions sodium a été entreprise. Le but était de caractériser les propriétés intrinsèques de la relaxation transversale vis à vis, d'une part, du mouvement local de l'ion (influencé ou non par la viscosité macroscopique) et, d'autre part, de l'échange éventuel entre sites distants [26].

Les mesures ont été faites dans les conditions suivantes.

La viscosité, et la proportion de sites de liaison, ont été variées sur une échelle importante pour des concentrations en agarose relativement faibles : 0.25%, 0.5%, 1% et 5%. La concentration totale en ions sodium a également été changée entre 25 et 200 mM, pour chaque échantillon d'agarose, de manière à mettre en évidence un éventuel effet d'échange.

Les échantillons ont été préparés en dissolvant, à température proche de l'ébullition, la quantité requise de poudre d'agarose (qualité pour électrophorèse, Sigma) dans une solution aqueuse de sel (NaCl) de concentration connue. Les gels obtenus, après refroidissement dans le tube de RMN en quartz (annexe A), sont parfaitement clairs et translucides, indiquant une bonne homogénéité de l'échantillon.

Les courbes de relaxation obtenues par CPMG ont été traitées comme décrits dans le paragraphe 2.3. Les valeurs singulières indiquent clairement, dans tous les cas, la présence de deux exponentielles (figure 3.1) qui ont été ensuite ajustées à la courbe expérimentale. Les constantes de temps correspondantes ainsi que les amplitudes sont résumés dans le tableau 3.1.

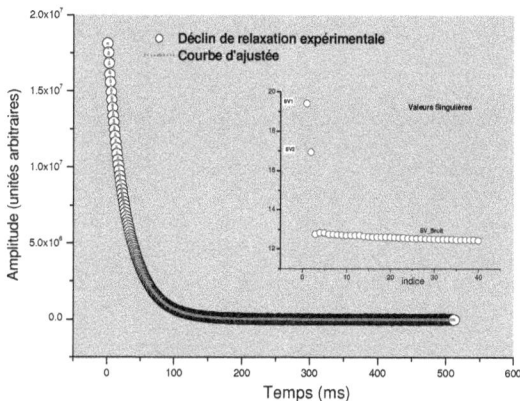

Fig. 3.1 Courbe de relaxation dans un échantillon d'agarose et les valeurs singulières correspondantes.

D'autre part, des expériences TQF ont été réalisées en variant systématiquement la durée de temps création τ (Appendice A) de 1 à 200 ms, par pas de 2 ms, de manière à extraire l'amplitude et les constantes de temps T_{2slow} et T_{2fast} relatives au compartiment de sodium lié.

Table 3.1 Paramètres de relaxation transversale obtenus par CPMG – SVD :

Aga025	T_{21} (ms)	A_1 (unités arbitraires)	T_{22} (ms)	A_2 (unités arbitraires)
25mM	62.61	$2.13*10^6$	31.12	$9.61*10^6$
50mM	57.83	$5.67*10^6$	34.73	$1.82*10^7$
100mM	57.54	$1.24*10^7$	39.74	$3.5*10^7$
200mM	55.76	$2.99*10^7$	39.76	$4.89*10^7$
Aga050				
25mM	55.9	$2.6*10^6$	21.0	$9.2*10^6$
50mM	59.58	$4.8*10^6$	29.23	$1.96*10^7$
100mM	57.61	$9.76*10^6$	29.97	$3.34*10^7$
200mM	57.62	$1.74*10^7$	33.11	$5.84*10^7$
Aga1				
25mM	51.11	$2.67*10^6$	13.21	$9.04*10^6$

43

50mM	52.2	$5.89*10^6$	16.53	$1.95*10^7$
100mM	54.77	$1.01*10^7$	20.16	$3.77*10^7$
200mM	54.65	$2.00*10^7$	19.93	$6.96*10^7$
Aga5				
25mM	35.52	$2.61*10^6$	5.12	$7.14*10^6$
50mM	40.31	$4.7*10^6$	6.71	$1.41*10^7$
100mM	43.34	$8.67*10^6$	8.6	$2.69*10^7$
200mM	42.42	$1.47*10^7$	8.0	$5.06*10^7$

Table 3.2 Paramètres de relaxation obtenus par l'analyse de la dépendance du signal TQF vis à vis du temps de création τ.

Aga025	T_{2slow} (ms)	T_{2fast} (ms)	Amplitude (unités arbitraires)	Base (unités arbitraires)
25mM	69.26	25.5	22.52	-3.56
50mM	64.4	34.6	67.7	-9.21
100mM	81	38.3	74.8	-16.7
200mM	84.6	36.1	118	-31
Aga050				
25mM	61.54	16.5	44.9	-3.7
50mM	75.3	23.8	55	-9.34
100mM	78.0	22.6	88.31	-15.87
200mM	73.2	28.5	174.6	-30.77
Aga1				
25mM	52.9	10.05		
50mM	54.6	13.2	155	-8.3
100mM	59.4	17.6	205.14	-16.8
200mM	61.0	16.2	378.6	-32
Aga5				
25mM	38	3.39	115	-2.01
50mM	41.9	4.74	184	-9.83
100mM	44.11	6.33	311.207	-9.23
200mM	42.7	6.02	560.62	-17.8

Dans un travail précédent, Payne et Styles [26] ont étudié les propriétés de relaxation du sodium dans différents systèmes modèles parmi lesquels les gels d'agarose. Ils ont utilisé principalement les méthodes de filtrage Multi-Quanta pour déterminer les constantes de relaxation, pour des concentrations en agarose relativement élevée (jusqu'à 20%) et une concentration en sel minimum de 50 mM. La conclusion principale est l'existence d'un échange des ions sodium entre sites liés et sites libres.

Afin de tenter d'explorer une gamme plus importante de conditions d'échange dans un environnement dont la mobilité est aussi plus proche des systèmes biologiques, il nous a paru intéressant d'étendre ces mesures à des concentrations plus faibles d'agarose et de sel.

3.1.2 Estimation des caractéristiques de relaxation de l'ion sodium lié dans l'agarose à 5%.

Le choix d'un échantillon d'agarose à 5% est dicté par plusieurs arguments. Tout d'abord cette concentration est la plus grande permettant d'obtenir un échantillon d'apparence macroscopique homogène. D'autre part, la concentration en sites de liaison potentiels y est largement supérieure à la concentration en sel la plus faible utilisée (25 mM). En effet, on estime qu'il y a au moins deux sites potentiels de liaison simultanée par « monomère » (figure 3.2).

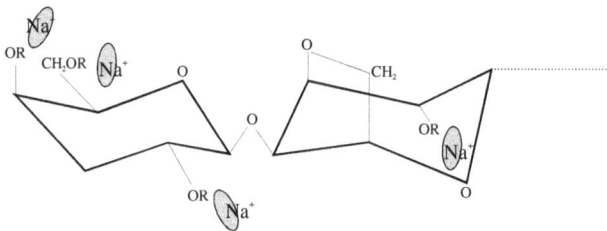

Fig.3.2 Monomère d'agarose et sites de liaison possible pour les ions sodium.

Sachant que la masse moléculaire du polymère d'agarose est d'environ 120000 Daltons et qu'il y a 400 unités par polymère, la masse molaire de chaque « monomère » est d'environ 300 Daltons. La concentration en sites potentiels de liaison pour l'ion sodium est, dans les conditions expérimentales présentes (50 mg d'agarose dans un ml de solution aqueuse), environ 10 fois supérieure à celle des ions sodium. On peut donc supposer que la plupart des ions sodium seront liés dans ce cas. Au contraire, à la concentration en sel de 200 mM, la

45

proportion devient proche de l'unité, ce qui permet d'obtenir une proportion d'ions libres non négligeable.

Les temps de relaxation obtenus par CPMG-SVD, en fonction de la concentration en sel, sont représentés dans la figure 3.3. La relaxation est dans tous les cas bi-exponentielle. Dans la même figure 3.3 on a aussi indiqué les temps de relaxation obtenus par TQF. La dépendance des temps de relaxation (T_{2slow} et T_{2fast}) en fonction de la concentration en sel est similaire par les deux méthodes. Les constantes de temps obtenues diffèrent cependant légèrement [20].

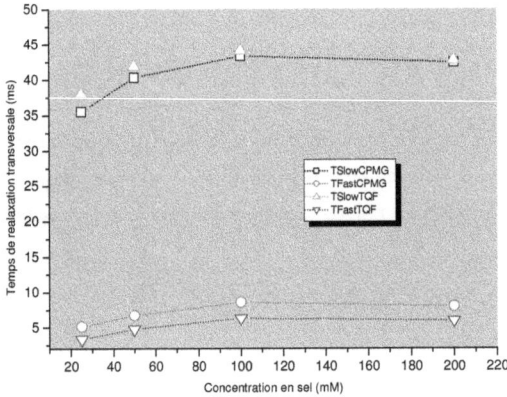

Fig.3.3 Dépendance des temps de relaxation (exprimés en ms) en fonction de la concentration en sel pour l'échantillon d'agarose à 5%.

En absence d'échange, on s'attendrait à ce que les temps de relaxation soient indépendants de la concentration en sel. On observe en fait une augmentation des constantes de temps T_{2slow} et T_{2fast} jusqu'à un plateau pour les fortes concentrations. Il est clair que cet effet traduit la présence d'un échange entre sites, probablement liés et libres (Fig. 3.3).

Cet échange d'ions a aussi une influence sur les populations apparentes. Dans le cas de l'analyse des données de relaxation CPMG par SVD, le rapport des populations apparentes

A_{fast}/A_{slow} n'est pas celui attendu, de 1.5 [26], mais varie assez peu avec la concentration en sel pour l'échantillon d'agarose à 5%.

Cependant l'amplitude de chaque composante du signal CPMG (A_{fast} et A_{slow}) est

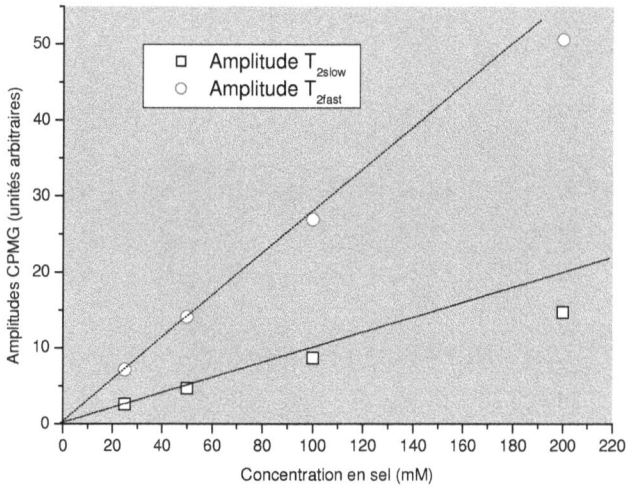

approximativement proportionnelle à la concentration en sel (figure 3.4).

Fig.3.4 Dépendances des amplitudes CPMG en fonction de la concentration en sel

3.1.3 Dépendance théorique de la relaxation des ions sodium en fonction de la viscosité.

La dépendance des temps de relaxation des ions sodium liés dans le gel d'agarose en fonction de la viscosité peut être estimée à partir des résultats expérimentaux obtenus pour l'échantillon le plus concentré en agarose et le moins concentré en sel. C'est en effet pour cet échantillon qu'on attend la perturbation la plus faible des temps de relaxation par un éventuel effet d'échange. Le rapport des constantes de temps T_{2fast} et T_{2slow} obtenus en CPMG permet tout d'abord de calculer la valeur du temps de corrélation τ (4-5 ns) de l'Eq.2.16 (chapitre 2), pour l'échantillon d'agarose choisi. A partir de cette valeur et de la valeur expérimentale du temps de relaxation T_{2fast}, on peut estimer le facteur K de la même équation.

La variation théorique des temps de relaxation transversale en fonction du temps de corrélation décrivant le mouvement des ions dans un milieu de viscosité variable est présentée dans la figure 3.5.

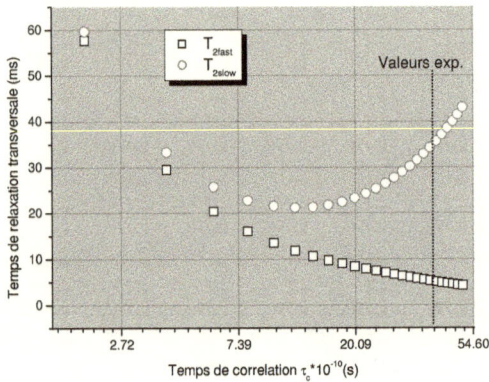

Fig.3.5 Dépendance théorique pour T_{2fast} et T_{2slow} en fonction de la concentration d'agarose (échelle logarithmique)

Lorsque la viscosité augmente, le temps de relaxation le plus court (T_{2fast}) diminue, tandis que le temps de relaxation le plus long (T_{2slow}) augmente après avoir atteint un minimum pour $\omega\tau_c$ voisin de 1. Remarquons ici que la constante de temps T_{2fast} ne dépend pas de la fréquence de résonance, contrairement à la composante T_{2slow}.

Pour des viscosités faibles, les deux temps de relaxation ont tendance à se rejoindre vers la valeur correspondante à la solution fluide de sel (environ 60-70 ms pour 308 K).

Les temps de relaxation estimés ici sont dus seulement au mouvement des ions sodium dans le gradient de champ électrique local d'un site de liaison unique et constituent une base de comparaison pour les résultats expérimentaux.

3.1.4 Dépendance de la relaxation transversale des ions sodium en fonction de la concentration d'agarose

Constantes de temps

Pour les échantillons d'agarose de 0.25% à 1%, le nombre d'ions sodium total devient égal ou supérieur au nombre de sites de liaison potentielle, selon la concentration en sel. Ces conditions devraient donc permettre de moduler, dans une large gamme, la vitesse d'échange reliée au temps de vie de l'espèce libre (Eq. 2.8).

Pour tous les échantillons analysés, la relaxation CPMG est bi-exponentielle, ce qui se traduit par l'existence de 2 valeurs singulières distinctes du bruit. Les constantes de temps correspondantes sont représentées à la figure 3.6 en fonction de la concentration en agarose et pour les 4 concentrations en sel utilisées ici. Les constantes de temps obtenues par TQF sont aussi représentées sur la même figure.

Pour tous les concentrations en agarose, la valeur des constantes de temps T_{2fast} augmente légèrement vers un plateau lorsque la concentration en sel augmente, de manière similaire à ce qui a été observée précédemment pour l'échantillon d'agarose à 5%, (Fig. 3.3). Mais la variation de ces constantes en fonction de la concentration en agarose est pratiquement indépendante de la concentration en sel (figure 3.6a à d).

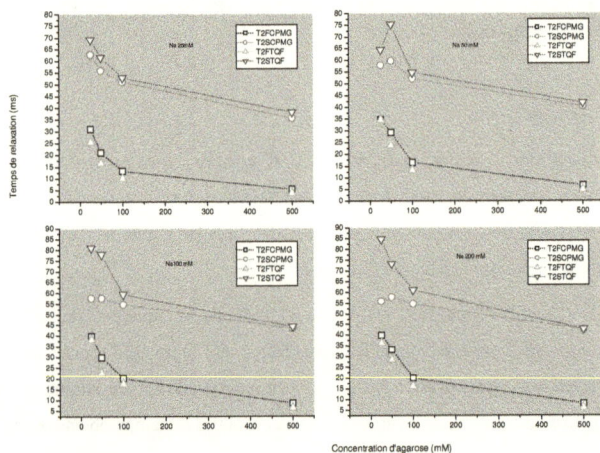

Fig. 3.6 Dépendance des temps de relaxation expérimentaux (exprimés en ms) en fonction de la concentration en agarose

D'autre part, cette variation a une allure similaire à celle présentée dans la courbe théorique (Fig. 3.5) ce qui suggèrerait que cette dépendance résulte de la viscosité de l'échantillon. Toutefois, aux faibles concentrations d'agarose la valeur atteinte par T_{2fast} (environ 40 ms) impliquerait que la valeur de T_{2slow} soit, elle aussi, voisine de 40 ms (Fig. 3.5). L'effet observé résulte donc plutôt d'un effet d'échange qui se manifeste aussi sur la variation de la constante T_{2slow} (figure 3.6a à d), mais dans une moindre mesure. Cela peut se comprendre en considérant encore qu'il s'agit d'un effet d'échange rapide et en remarquant que la valeur correspondante (50-55ms) à faible concentration d'agarose, est proche de celle attendue pour le liquide (60 ms).

Les constantes de temps TQF sont voisines des constantes CPMG-SVD à la plus faible concentration en sel (Fig. 3.6a), mais à partir de 50 mM, on commence à observer une différentiation des constantes de temps T_{2slow} CPMG-SVD et TQF (Fig. 3.6b,c,d). On verra dans la suite que cet effet est du en fait à un biais introduit par l'échange.

Les temps de relaxation observés sont donc dominés par un effet d'échange, rapide dans le cas de l'agarose, et sont donc des temps apparents.

Spectres TQF

Les spectres TQF ont été systématiquement enregistrés pour 100 valeurs du temps de création (Fig. A.6) de 1ms à 200 ms par pas de 2 ms. L'amplitude du signal en fonction du temps de création τ a été ajustée à la fonction suivante :

$$A(\tau) = A_0 \left(-\exp\left(-\tau / T_{2\,fast}^{TQF}\right) + \exp\left(-\tau / T_{2\,slow}^{TQF}\right)\right) + base \qquad (3.1)$$

où *base* représente une composante en général négative superposée à tous les spectres obtenus ici.

L'ajustement est réalisé sur les amplitudes et sur l'inverse des temps de relaxation par la méthode traditionnelle des moindres carrés (Levenberg Marquardt) et non par SVD.

Les résultats obtenus sont présentés dans la figure 3.7 pour les deux concentrations extrêmes en agarose.

Pour les échantillons à 5% d'agarose, la forme du signal est proche de la forme idéale avec une base négative proportionnelle à la concentration en sel (table 3.2). Pour cet échantillon la base reste proportionnellement très faible.

51

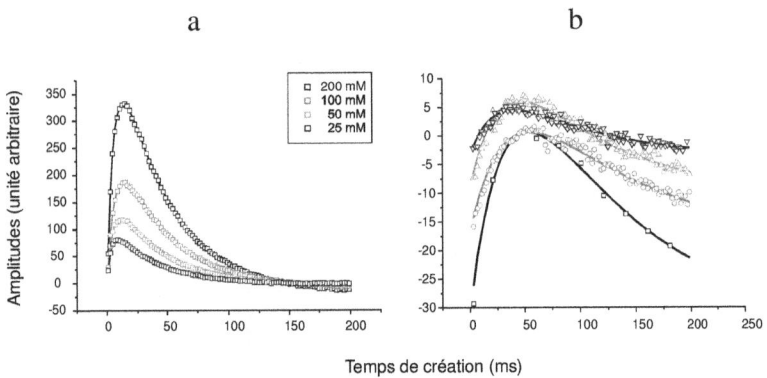

Fig.3.7 Dépendance de l'amplitude du signal en fonction du temps de création τ pour l'échantillon d'agarose à 5% (a) et à 0.25 %(b). Les lignes continues correspondent à la fonction ajustée sur les données expérimentales.

Pour les échantillons d'agarose à 0.25%, les signaux TQF sont très faibles, pour trois raisons :

- La quantité de sodium lié diminue avec la concentration en agarose (la proportion estimée de sites de liaison potentielle est de l'ordre de 0.6 à 0.07 selon la concentration en sel).

- L'amplitude apparente du signal TQF tend vers zéro (Eq 3.1) lorsque le rapport des constantes de temps de relaxation tend vers 1. Pour l'échantillon d'agarose à 0.25%, ce rapport est voisin de 2.3. Pour l'échantillon d'agarose à 5% il varie de 7 à 10.

- La base négative, présente dans tous les échantillons, augmente en valeur absolue pour les échantillons à faible concentration d'agarose.

Cette base provient de la présence d'ions libres dont les signaux sont imparfaitement éliminés par la séquence d'impulsions, à cause d'un échange entre les fractions libre et liée durant la période de création. Cet effet a pour conséquence d'allonger la constante de la décroissance apparente du signal TQF avec le temps de création, ce qu'on peut observer effectivement dans les valeurs expérimentales (table 3.2 et Fig. 3.7).

Amplitudes apparentes des composantes

Les amplitudes apparentes correspondant aux deux exponentielles trouvées par CMPG-SVD augmentent approximativement comme la concentration en sel pour tous les échantillons d'agarose (Fig. 3.8). Le fait que le rapport entre l'amplitude de la composante rapide et lente n'est pas le rapport attendu (1.5) montre que les populations correspondantes sont apparentes et affectées par les processus d'échange.

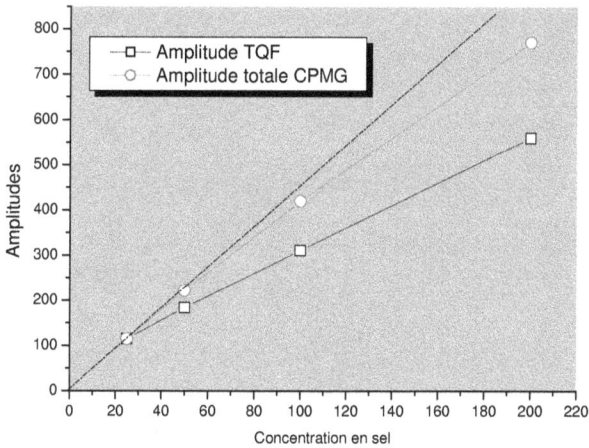

Fig.3.8 Dépendances des amplitudes apparentes en fonction de la concentration en sel. La ligne discontinue correspond à l'amplitude proportionnelle à la concentration en sel.

Au contraire, l'amplitude des signaux TQF décroît de manière importante pour les échantillons de plus faible concentration en agarose (table 3.2). D'autre part, elle n'est pas proportionnelle à la concentration en sodium. Cet effet apparaît déjà pour l'échantillon d'agarose à 5% (figure 3.8).

53

3.1.5 Conclusions :

L'ensemble des résultats montre que la relaxation des ions sodium lié dans l'agarose n'est pas contrôlée par la viscosité de l'échantillon. En effet , aucun des échantillons ne montrent une dépendance des temps de relaxation, en fonction de la concentration d'agarose, en accord avec la prédiction théorique (Fig. 3.5), sauf peut être pour l'échantillon d'agarose à 5% et 25 mM en sel. Pour ce dernier, la concentration en ions libres est trop faible pour qu'un effet d'échange puisse être mis en évidence.

Lorsque la concentration en sel augmente la variation des paramètres de relaxation montre clairement la présence d'un processus d'échange rapide qui moyenne les constantes de temps du compartiment lié avec celles du compartiment libre. Il en résulte que l'on observe seulement deux constantes de temps apparentes de relaxation déterminées par la vitesse d'échange et les constantes de temps intrinsèques.

Le signal TQF est lui aussi fortement perturbé par l'échange. Il n'est « correct » que pour les faibles concentrations en ions libres.

3.2 Vésicules

3.2.1 Introduction

L'hypothèse faite pour expliquer l'apparition de sodium lié dans les cellules infectées, ou d'une manière générale dans le cas d'une pathologie, est la création de sites de liaison à la surface externe de la membrane cellulaire. Ces sites polaires de charges négatives proviennent du retournement des chaînes de phosphatidyle sérine. Cette hypothèse sera discuter plus longuement dans la partie consacrée aux cellules HeLa normales et infectées (chapitre 4).

Dans cette partie, on a cherché à modéliser les propriétés de relaxation du sodium pour ces systèmes cellulaires.

Pour cela, on a mesuré les caractéristiques de relaxation obtenues par CMPG-SVD et TQF pour des vésicules comportant des groupes polaires susceptibles de lier les ions sodium.

Les vésicules ont été obtenues par des méthodes classiques qui se sont révélées reproductibles et faciles à mettre en œuvre. A toutes les étapes les échantillons sont conservés sous atmosphère inerte (azote) de manière à éviter l'oxydation des phospholipides [27].

Les phospholipides (Sigma) sont préalablement mélangés (30 mg de chaque composante) dans une solution de chloroforme. Le solvant est ensuite évaporé sous vide pendant une heure pour en éliminer toute trace. Les vésicules sont formées par ultra – sons dans une solution tampon (1.2 ml, pH 7.4), comportant 25 mM de sodium. La solution est ensuite transférée (1 ml) dans un tube de RMN de 10 mm en quartz. L'utilisation d'un tube de verre est exclus du fait de la présence de sodium dans le verre (annexe A). L'aimantation correspondante est en effet parfaitement refocalisé par CMPG et se superpose au signal de l'échantillon. On a vérifié que les tubes de quartz ne présentent aucun signal résiduel (annexe A).

Trois types d'échantillons ont été réalisés à partir de phosphatidyl – choline (PC) et de phospholipides susceptibles de lier les ions sodium sur leur région polaires. Le premier était formé de PC seul, le second d'un mélange en proportion égale de PC et de phosphatidyl – sérine (PS), le troisième de PC et d'acide phosphatidique (PA).

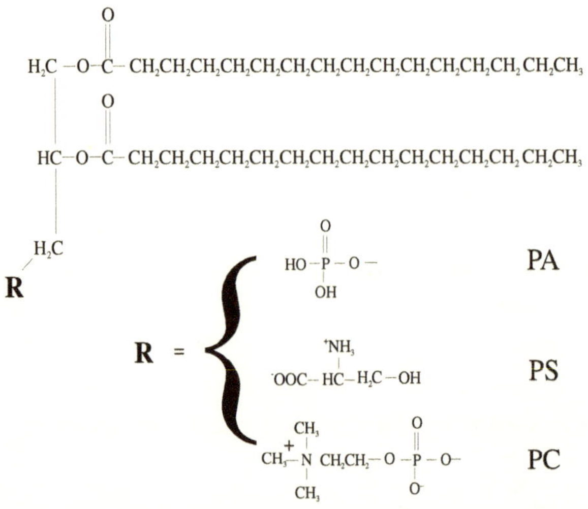

$$\text{O}$$
$$\text{H}_2\text{C}-\text{O}-\overset{\text{O}}{\overset{\|}{\text{C}}}-\text{CH}_2\text{CH}_2\text{CH}_2\text{CH}_2\text{CH}_2\text{CH}_2\text{CH}_2\text{CH}_2\text{CH}_2\text{CH}_2\text{CH}_2\text{CH}_2\,\text{CH}_2\text{CH}_3$$

$$\text{O}$$
$$\text{HC}-\text{O}-\overset{\text{O}}{\overset{\|}{\text{C}}}-\text{CH}_2\text{CH}_2\text{CH}_2\text{CH}_2\text{CH}_2\text{CH}_2\text{CH}_2\text{CH}_2\text{CH}_2\text{CH}_2\text{CH}_2\text{CH}_2\,\text{CH}_2\text{CH}_3$$

$$\text{H}_2\text{C}$$
R

$$\text{R} \;=\; \begin{cases} \;\underset{\text{OH}}{\overset{\text{O}}{\text{HO}-\overset{\|}{\underset{|}{\text{P}}}-\text{O}-}} & \quad \text{PA} \\[2ex] \;\overset{^+\text{NH}_3}{\underset{|}{^-\text{OOC}-\text{HC}-\text{H}_2\text{C}-\text{OH}}} & \quad \text{PS} \\[2ex] \;\overset{\text{CH}_3}{\underset{\text{CH}_3}{\text{CH}_3-\overset{+}{\underset{|}{\text{N}}}\,\text{CH}_2\text{CH}_2-\text{O}-\overset{\text{O}}{\underset{\text{O}^-}{\overset{\|}{\text{P}}}-\text{O}-}} & \quad \text{PC} \end{cases}$$

Fig.3.9 Lipides utilises pour les échantillons

Pour chacun de ces échantillons, la concentration en sel a été variée en ajoutant de faibles quantités (25 µl) d'une solution aqueuse très concentrée de NaCl (200mg/ml). Cela a permis d'explorer un vaste domaine de concentration (de 25 mM à 400 mM) de façon à caractériser les effets d'un éventuel échange sur la relaxation des ions sodium. Cette gamme de concentration couvre en outre la plupart des conditions rencontrées pour les systèmes biologiques.

3.2.2 Caractéristiques de relaxation du sodium dans les vésicules.

Le sodium dans les échantillons de PC seul présente une relaxation mono-exponentielle pour toutes les concentrations en sel. Le temps de relaxation caractéristique (55 ms) est constant et proche de la valeur obtenue pour le tampon seul (60 ms). Cela démontre que les vésicules de

PC seul ne fixent pratiquement pas l'ion sodium. La décroissance du signal CPMG est donc caractéristique du sodium libre.

Au contraire, tous les échantillons comportant du PS ou du PA présente une relaxation multi-exponentielle pour toute la gamme de concentration en sel.

Un exemple de déclin CPMG est montré à la figure suivante, pour une concentration de sel proche de celle du milieu extracellulaire (Fig. 3.10).

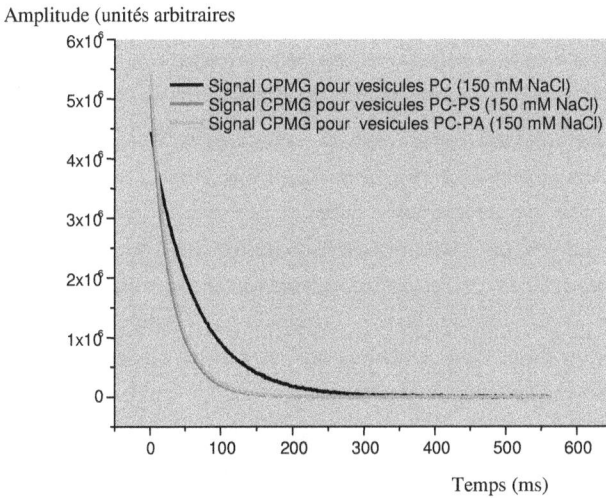

Fig.3.10 Exemple de déclin CPMG pour les échantillons de vésicules

Les signaux TQF présentent une différence selon le type d'échantillon et selon la concentration en sodium. Avec les vésicules comportant du PA ou du PS, l'observation d'un signal TQF démontre la présence de sodium lié. Au contraire, avec les vésicules comportant du PC seul, aucun signal TQF n'est observable, confirmant l'absence de sodium lié en quantité significative.

Les propriétés de relaxation quadrupolaire des ions sodium permettent de les séparer selon leur environnement. Les ions libres en solution étant dans des conditions de rétrécissement extrême sont caractérisés par une relaxation mono exponentielle. En dehors du rétrécissement extrême la relaxation des ions devient bi exponentielle. C'est le cas des ions sodium liés aux macromolécules et en particulier aux molécules de PA ou PS. En absence d'échange entre ces compartiments (libre et lié) on s'attend à obtenir une décroissance tri-exponentielle caractérisée par trois valeurs singulières distinctes du bruit. Des simulations réalisées pour des conditions d'acquisition et de rapport signal/bruit équivalentes aux expériences faites ici, ont montré que ces trois composantes peuvent être effectivement mises en évidence.

Les valeurs singulières indiquent dans tous les cas (mélange PC-PS ou PC-PA) la présence d'au moins deux exponentielles. Pour les plus fortes concentrations en sel, on peut parfois distinguer du bruit une troisième valeur singulière. Le traitement avec trois exponentielles montre que cette troisième valeur singulière, qui pourrait être associée à la composante « fast » du sodium lié, n'est en fait pas fiable. L'amplitude de cette composante est très faible (au moins 10 fois plus faible pour les autres composantes) et le calcul est instable lors d'une simulation Monte Carlo. Toutes les décroissances obtenues ont donc été traitées comme la somme de deux exponentielles décroissantes.

L'ensemble des résultats est résumé dans le tableau suivant :

Table 3.3 Amplitudes et constantes de temps obtenus en CPMG-SVD

Na Conc (mM)	PC-PA vesicles			PC-PS vesicles		
	T_{21} (ms)	T_{22} (ms)	A_2/A_{total}	T_{21} (ms)	T_{22}(ms)	A_2/A_{total}
25	22.20	8	2.24	23.5	11.64	2.45
50	30.4	10.75		24.45	10.5	1.7
75	28.04	13.7	1.44	27.4	13.8	0.69
100	34.9	15.3		27.2	13.5	0.43
125	31	17	0.55	31.81	12.5	0.18
150	34.1	17.8		33	12.75	0.15
175	34.03	16.76	0.24	36.3	11.1	0.1
200	37.8	15.3		37.37	11.75	0.075
225	38.15	15.3	0.11	40.2	11.0	0.087
250	40.8	13.7		40.8	10.5	0.075
275	41	13	0.07	42.79	10.59	0.07
300	44.18	11.6		44.07	10.4	0.05
325	43.3	11.6	0.063	45.46	11.05	0.064
400	48.53	11.9		48.5	10.4	0.03

La dépendance des constantes de temps correspondant aux deux composantes observées est présentée sur la figure 3.11 en fonction de la concentration en sel pour les deux types de vésicules (PC-PA) et (PC-PS).

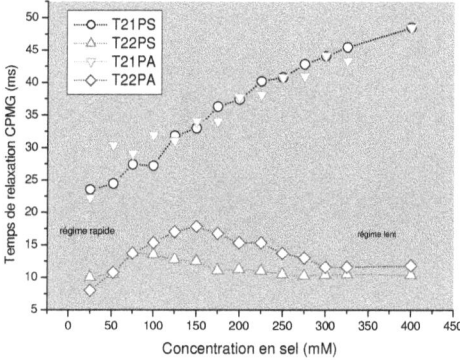

Fig.3.11 La dépendance des temps de relaxation apparents en fonction de la concentration en sel

Le fait que les temps de relaxation dépendent d'une manière importante de la concentration en sel démontre encore une fois, la présence d'un processus d'échange entre les deux compartiments, libre et lié.

La composante T_{21} qui est associé au compartiment de sodium libre augmente régulièrement vers la valeur obtenue pour le PC seul. La composante T_{22} qui est associée à la population de sodium lié présente un maximum pour des valeurs particulières de la concentration.

La composante associée au sodium lié montre clairement un changement de « régime d'échange » qui apparaît à des concentrations différentes pour PS et PA. Cette différence traduit simplement une différence dans la force de « liaison » entre les ions sodium et les molécules de PA ou et PS. A l'échelle du temps de relaxation du sodium lié, la vitesse d'échange passe d'un régime rapide (versant gauche) à un régime lent (versant droit) lorsque la concentration en sel augmente. Le temps de vie de la fraction libre augmente en effet en même temps que le rapport $p_{libre}/p_{lié}$ (Eq. 3.3).

Au contraire, à l'échelle du temps de relaxation du sodium libre, l'échange est toujours rapide ce qui se traduit par une augmentation continue du temps de relaxation correspondant.

L'analyse des variations des amplitudes en fonction de la concentration en sel confirme cette hypothèse.

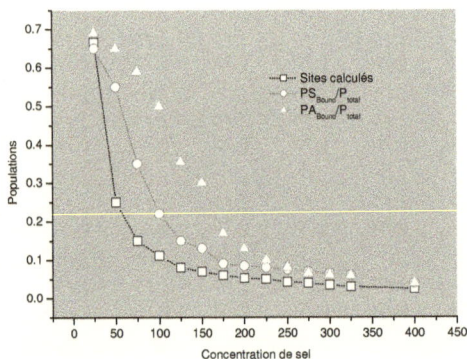

Fig.3.12 Rapport de l'amplitude apparente de la composante « fast » (T_{22}) à l'amplitude totale, en fonction de la concentration en sel pour les vésicules PS et PA.

La courbe en noir (figure 3.12) représente la dépendance du nombre relatif de sites de liaison possible à la concentration totale de sodium. Les courbes expérimentales correspondent respectivement aux vésicules de PC-PS (rouge) et PC-PA (vert).

Pour la plus faible concentration en sel (25 mM), toutes les courbes coïncident indiquant que pratiquement tous les sites sont occupés. L'échange est rapide ce qui est cohérent avec le fait que la concentration en ions libres est faible.

A l'opposé, les courbes coïncident de nouveau, les amplitudes apparentes représentent toujours la quantité d'ions liés. Donc l'échange est nécessairement lent (ou intermédiaire), à l'échelle des temps de relaxation du sodium lié. Ceci est cohérent avec une augmentation de la durée de vie des ions libres résultant de l'accroissement d'un facteur environ 25 des populations correspondantes.

Entre ces deux extrêmes l'amplitude apparente de la composante T_{22} est perturbée par l'échange qui passe donc bien d'un régime rapide à un régime lent.

La variation de l'amplitude de la composante libre avec la concentration en sel est représenté à la figure 3.13.

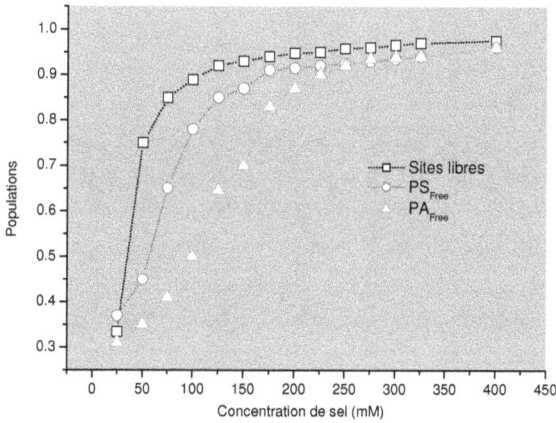

Fig.3.13 Variation de la proportion apparente de la composante libre en fonction de la concentration en sel

De la même manière que pour la variation de l'amplitude apparente de la composante T_{22}, les courbes coïncident, à faible et à forte concentration en sel, avec la proportion de sites « libres ». Entre les deux extrêmes les courbes dévient de la courbe théorique. Cette déviation traduit encore une fois la présence du processus d'échange.

Simulations

On pourrait objecter que la variation des paramètres de relaxation que l'on observe ici pourrait être en fait un artefact lié au calcul. Le traitement des courbes de relaxation par deux exponentielles au lieu de trois pourrait induire un effet de moyenne entre les trois paramètres

61

intrinsèques. Pour quantifier cet effet, on a simulé des courbes de relaxation comportant trois composantes décroissantes :

$$f(t) = A_{free}\exp\left(-\frac{t}{T_{2free}}\right) + A_{bound}\left(0.6\exp\left(-\frac{t}{T_{2fast}}\right) + 0.4\exp\left(-\frac{t}{T_{2slow}}\right)\right) + w \qquad (3.2)$$

avec des valeurs initiales obtenues à partir des données expérimentales. L'amplitude A_{bound} ($5.7\ 10^6$) correspond à l'amplitude obtenue par SVD à la concentration de sodium la plus faible. Cette amplitude est d'autre part partagée entre les deux composantes rapide (fast) et lente (slow) du sodium lié selon le rapport théorique $A_{fast}/A_{slow} = 3/2$. L'amplitude A_{free} a été variée en fonction de la fraction estimée d'ions sodium libres (courbe noire, figure 3.13). La valeur initiale de A_{free} ($2.4\ 10^5$) a de même été estimée à partir de la valeur expérimentale obtenue avec la concentration de sodium la plus faible. Le temps de relaxation T_{2free} a été estimé à partir de la valeur obtenue pour l'échantillon de PC seul (60 ms). Les temps de relaxation correspondant à la fraction liée ont été estimés à partir des résultats TQF, toujours pour la concentration la plus faible en sodium ($T_{2fast} = 5$ms et $T_{2slow} = 15$ ms). Enfin l'amplitude du bruit (w) a été estimée à partir du bruit enregistré pour les 50 derniers points des déclins expérimentaux.

La première observation importante est que pour toutes les simulations les valeurs singulières démontrent sans ambiguïté la présence de 3 exponentielles (figure 3.14).

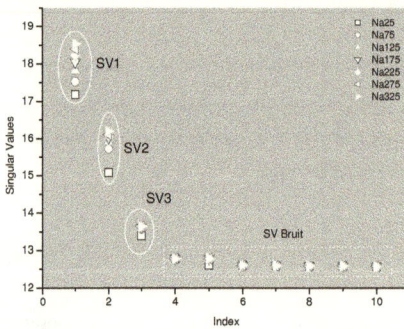

Fig 3.14 Premières 10 valeurs singulières dont trois sont caractéristiques du signal et les autres du bruit.

Le but étant d'estimer les artefacts induit par un traitement à deux exponentielles, l'ajustement de toutes les courbes a été fait, par SVD, pour une fonction bi-exponentielle. Les résultats sont représentés sur les figures suivantes.

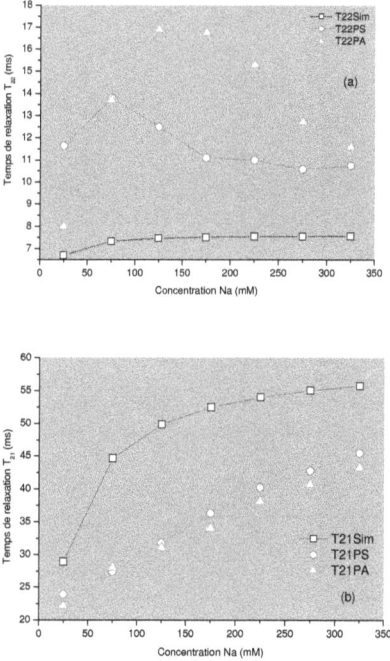

Fig 3.15 Comparaison des constantes de temps de relaxation expérimentales rapide (a)- T_{22}; et lente (b)-T_{21} avec celles issues de la simulation (courbe noire).

La constante apparente T_{22}, obtenue par la simulation est pratiquement indépendante de la concentration, ce qui est manifestement en désaccord avec les observations expérimentales (figure 3.15a). D'autre part, la constante apparente T_{21} de la simulation est systématiquement plus élevées que celles observées, et la variation en fonction de la concentration est totalement différente (figure 3.15b).

Le rapport de l'amplitude de la composante rapide (A_2) sur l'amplitude totale, est pratiquement constante pour toutes les concentrations en sel, en désaccord total avec les variations expérimentales (figure 3.16).

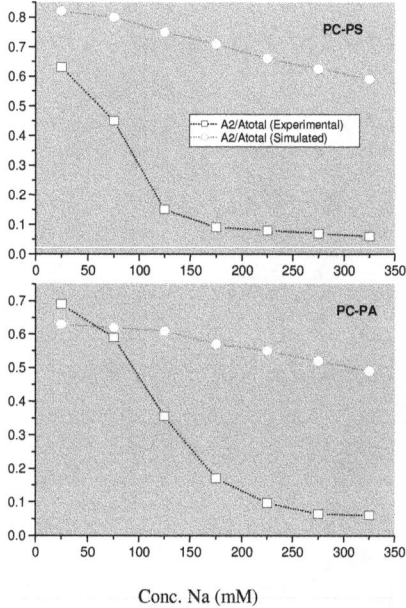

Fig 3.16 Rapport de l'amplitude de la composante rapide (A_2) sur l'amplitude totale pour les simulations (courbes noires) et pour les résultats expérimentaux (courbes rouges)

L'ensemble des résultats des simulations, qui suppose l'absence d'un échange, démontre donc clairement que les dépendances observées expérimentales ne peuvent pas être expliquées par un artefact de calcul.

Spectres TQF

Des spectres TQF ont été enregistrés dans des conditions similaires aux expériences réalisées avec l'agarose. L'évolution des spectres en fonction du temps de création s'accorde avec la théorie (Eq.3.1) seulement pour la plus faible concentration en sodium (25mM) dans des conditions de faible proportion d'ions libres et d'échange rapide.

Pour les concentrations les plus grandes, le signal TQF tend à disparaître à cause du biais déjà observé avec l'agarose. Cet effet semble encore plus prononcé ici où l'échange est plus lent, au moins vis à vis de la composante de relaxation la plus rapide (T_{2fast}).

Pour les concentrations intermédiaires, l'évolution des spectres en fonction du temps de création est « déformée » (figure 3.17) par rapport à la courbe théorique d'une part à cause du biais et d'autre part à cause de l'échange qui modifie l'évolution des aimantations pendant la période d'écho de spin. Cette déformation apparaît au moment du changement de régime de l'échange qui a été mis en évidence par la dépendance des paramètres de relaxation CPMG-SVD vis à vis de la concentration en sel. Les courbes ne peuvent plus être ajuster à la fonction théorique.

Le comportement global de l'évolution du signal TQF en fonction du temps de création diffère légèrement pour les échantillons comportant du PA ou du PS. Cela résulte principalement du fait que les régimes d'échange sont légèrement différents pour ces deux espèces, traduisant là encore une différence dans la force de liaison des ions sodium.

Il est intéressant de remarquer ici que les seuls signaux TQF « corrects » sont obtenus dans des conditions d'échange rapides et pour la plus faible concentration en ions libres, ce qui correspondait aussi au cas d'agarose à 5%. Pour les concentrations les plus élevés en sel, la variation des spectres TQF est plus perturbée par l'échange que dans le cas de l'agarose car le régime d'échange est différent. En particulier le ralentissement de cet échange associé à une grande concentration d'ions libres a des effets particulièrement importants sur le « biais ».

Nous n'avons pas tenté une simulation de la dépendance du signal TQF avec le temps de création. Il aurait fallu développer pour cela une théorie complète des propriétés de relaxation quadrupolaire en présence d'un échange d'une part, et d'autre part, d'appliquer la matrice densité obtenue à la séquence TQF.

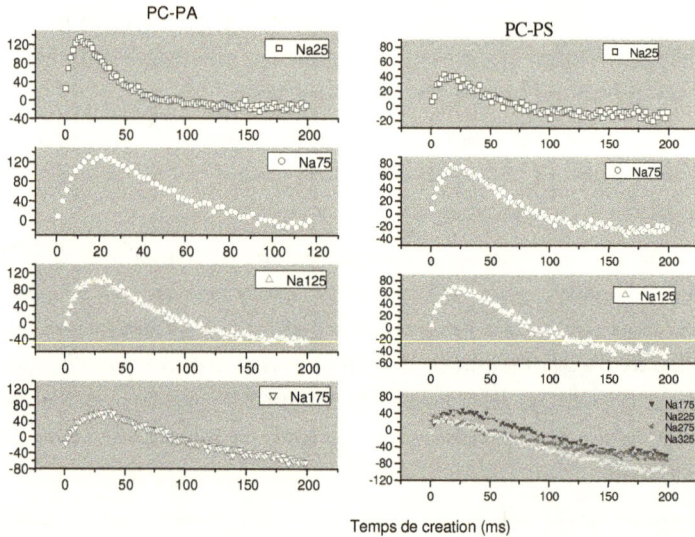

Fig. 3.17 Quelques variations typiques des amplitudes de spectres TQF obtenus avec les vésicules.

Toutefois, les figures ci-dessus donnent des exemples de ce qu'on peut attendre du TQF pour des systèmes dans lesquels la concentration en ions liés est pratiquement constante, mais où les conditions d'échange et de concentrations en ions libres sont très variables. On voit que l'information que l'on peut extraire du TQF peut être largement biaisée.

3.2.3 Conclusions

Dans le cas où un seul compartiment est présent dans l'échantillon, les temps de relaxation du sodium lié ne dépendront pas de la concentration en sel, indépendamment des mécanismes de relaxation intrinsèques.

Dans le cas présent, tous les temps de relaxation apparents dépendent de la concentration en sel, ce qui implique nécessairement l'existence d'un échange. Cet échange peut être rapide pour les faibles concentration en sel, mais ralenti pour des concentrations plus élevées.

Dans un processus d'échange quelconque entre deux compartiments F (free) et B (bound), les populations relatives (p_F et p_B, $p_B+p_F = 1$) et les temps de vie caractéristiques (τ_F et τ_B) des espèces sont reliés par la relation :

$$\frac{p_B}{p_F} = \frac{\tau_B}{\tau_F} \qquad (3.3)$$

Le temps de vie de l'espèce lié (τ_B) étant constant implique que le temps de vie de l'espèce libre (τ_F) dépend de la proportion p_F/p_B et donc des conditions de concentrations. Considérant les conditions expérimentales utilisées ici, τ_F peut varier dans une large gamme, faisant passer le régime d'échange de rapide à intermédiaire ou lent. L'échelle de temps est ici celle des temps de relaxation intrinsèques des espèces en présence.

Ces considérations ont des conséquences importantes pour l'étude des systèmes biologiques parce que les changements dans les processus d'échange peuvent indiquer l'apparition de nouveaux sites de liaison pour l'ion de sodium. Cela peut avoir des connections avec l'état du système.

On a observé des différences entre les dépendances des paramètres de relaxation obtenus par CPMG-SVD et TQF. En général l'amplitude du signal TQF s'est avérée être très sensible simultanément au régime d'échange et à la population d'ions libres.

Dans le cas d'un échange lent et d'une population importante d'ions libres, le signal de TQF peut disparaître malgré la présence d'ions liés. Dans cette situation, l'utilisation de la technique TQF peut conduire à des conclusions erronées.

La technique CPMG-SVD a l'avantage de « voir » en même temps tous les compartiments de sodium existants dans l'échantillon. Par conséquent, on ne perd aucune information même si les paramètres de relaxation obtenus sont apparents.

CHAPITRE IV

SYSTEMES VIVANTS

Dans ce chapitre on s'intéresse à la dynamique des ions sodium dans des systèmes biologiques (cellules isolées et tissus). On montre ensuite la relation qui existe entre cette dynamique et l'état pathologique du système.

Les systèmes biologiques sont hétérogènes. Ils comportent au moins deux compartiments principaux, le milieu intracellulaire et le milieu extracellulaire, dans lesquels on peut trouver des ions sodium. Chacun de ces milieux est caractérisé par une hétérogénéité de mouvement et de concentration spécifique des ions sodium. Cette propriété influence les caractéristiques intrinsèques de relaxation.

La relaxation quadrupolaire du sodium constitue ainsi une sonde locale, et naturelle, de l'environnement des ions dont on va montrer qu'ils sont reliés à l'état du système.

On commence par l'analyse de ces propriétés pour le système le plus simple constitué de cellules isolées puis on continue par un système complexe constitué d'un tissu *ex vivo*, maintenu en état fonctionnel par perfusion.

4.1 Cellules.

4.1.1 Introduction

Les paramètres de relaxation du sodium ont été analysés pour un système de cellules HeLa isolées, normales, infectées et en apoptose.

Les cellules HeLa sont des cellules épithéliales mammaires. Elles ont été infectées par la bactérie *Chlamydia psitacci* qui existe dans deux formes de développement [32]. Ces bactéries prolifèrent uniquement à l'intérieur des cellules en utilisant le système énergétique de leur hôte. L'activité métabolique des cellules est ainsi maximum après 24 heures d'infection pour satisfaire les besoins du développement bactérien.

4.1.2 Préparation des cellules et méthodes expérimentales.

Les cellules HeLa normales et infectées ont été préparées à l'Institut Pasteur. Elles proviennent de l'ATCC (American Type Culture Collection). Le facteur d'infection GPIC (guinea pig inclusion conjunctivitis) a été fourni par le Dr Roger Rank (Université d'Arkansas).

Les cellules ont été « élevées » sur des micro sphères de 150 μm (Biosylon, Nunc, Danemark) permettant de maintenir un échantillon homogène et stable sous perfusion dans le tube de RMN. On a utilisé des tubes de 10 mm en quartz dans lesquels une suspension oxygénée de 2.5 ml d'échantillon est maintenue à 37°C.

Le système de perfusion consiste à faire circuler un liquide nutritionnel pour les cellules dont la composition est décrite par ailleurs [28]. La concentration en sodium de ce milieu (10 mM Hepes/NaOH, pH 7.4, 140 mM NaCl, 2.5 mM CaCl2) est de l'ordre de 150 mM. Pour éviter l'appauvrissement du milieu du perfusion et l'auto empoisonnement des cellules, le milieu est renouvelé toutes les 24 heures. De cette manière, les cellules peuvent être conservées en activité métabolique dans le spectromètre pendant au moins deux jours. Le volume occupé par les cellules seules est estimé à 10% du volume total.

Les cellules infectées ont été préparées de la manière décrite dans la référence [29].

Les expériences ont été répétées pour 2 ensembles de cellules normales et 5 ensembles de cellules infectées.

L'état d'apoptose a été induit chimiquement sur des cellules HeLa normales en injectant, dans le milieu de perfusion, une solution de la toxine TPEN (N,N,N',N'-tetrakis(2-pyridylmethyl) ethylènediamine, Sigma). La concentration finale en TPEN était de 0.1mM.

Les expériences de RMN ont été réalisées sur un spectromètre Varian Unity400 à la fréquence de résonance du sodium de 105.8 MHz dans un champ de 9.4 Tesla.

La séquence CPMG utilisée est décrite dans l'annexe A. Le protocole de la séquence a été optimisé de manière à satisfaire en même temps les contraintes d'acquisition requises par la méthode d'analyse SVD et d'éviter l'échauffement de l'échantillon conducteur. En pratique, chaque acquisition de données a été décomposée en 4 (ou 8) accumulations de 128 signaux CPMG séparées par un intervalle de « repos » de 10 mn. Cette période de repos permet la dissipation de l'énergie apportée par les impulsions RF. La température de l'échantillon n'augmentait pas ainsi de plus de 1°C. Chaque signal CPMG est constitué de 288 échos complexes séparés par un intervalle de temps de 1.89 ms. Ce temps est un compromis permettant un échantillonnage correct de la relaxation la plus courte tout en permettant au signal CPMG de décroître au niveau du bruit à la fin de l'acquisition. Dans nos expériences, la valeur la plus longue pour T_2 est de 60 ms et le temps total d'acquisition de la décroissance est de 545 ms.

Les spectres 1D, montrant séparément les signaux de sodium intra et extra cellulaire ont été obtenus en ajoutant un agent de déplacement chimique (et de relaxation), le Thulium(III)(1,4,7,10-tetraazacyclododecane-1,4,7,10-tetra (methylenephosphonic acid)) (TmDOPT5-) [30], à une concentration de 3mM. Le déplacement de la composante extra cellulaire par rapport à la composante intra cellulaire est dans ce cas de 3 ppm environ vers les champs faibles (Fig. 4.1).

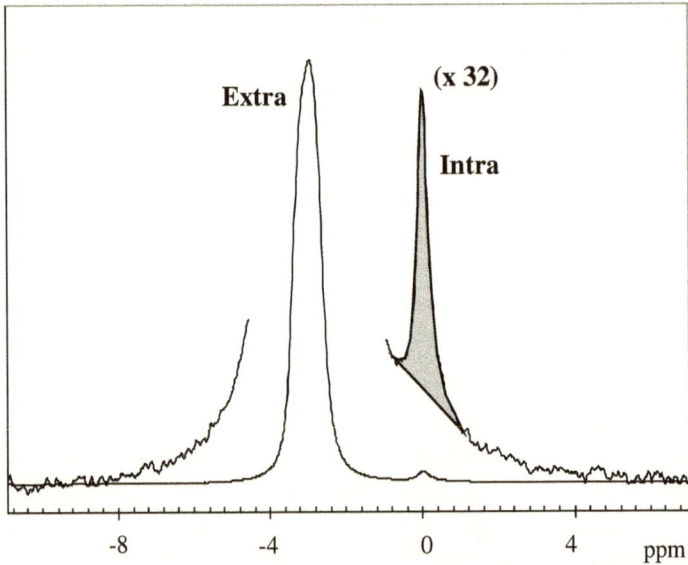

Fig.4.1 Spectre 1D du sodium obtenu pour un échantillon de cellules en perfusion avec un agent de déplacement chimique (TmDOPT^{5-}).

La quantification des populations respectives a été faite, après transformée de Fourier, par intégration (annexe A).

4.1.3 Le compartiment intracellulaire. Spectroscopie 1D.

La Fig. 4.2 montre la variation temporelle du rapport des populations de sodium dans les milieux intra et extracellulaire (Na-intra/Na-extra) pour les cellules normales et infectées.

La quantité de sodium intracellulaire pour les cellules normales est faible (environ 0.8%) et pratiquement constante pendant toute la durée de l'expérience (Fig. 4.2a).

Pendant la même période la quantité de sodium intracellulaire pour les cellules infectées augmente tout d'abord de manière significative pour redescendre ensuite au niveau initial après 2-3 jours (Fig. 4.2b).

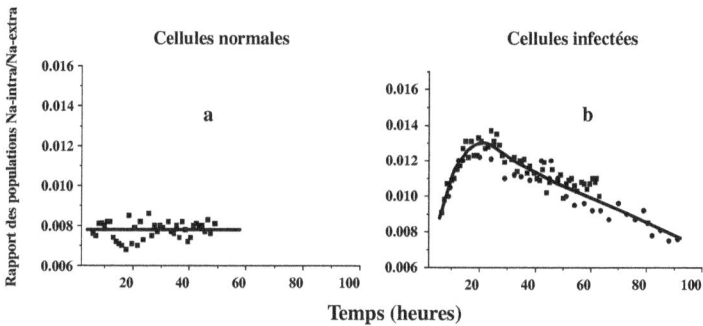

Fig. 4.2 Populations relatives de sodium intracellulaire, obtenues par intégration, en fonction du temps, pour les cellules normales (a) et infectées (b).

Le « pic » de sodium intracellulaire (150% du niveau initial) est atteint après 20 heures d'infection au moment où la prolifération des bactéries est maximum [31]. La variation en fonction du temps de la quantité de sodium intracellulaire est parallèle à l'évolution de la concentration en glutamate [32]. Dans un travail antérieur il a été proposé que l'infection stimule le transport de glucose et le métabolisme énergétique qui seraient nécessaire au développement des bactéries. A cette étape, il n'est pas possible de discerner si l'augmentation de la quantité de sodium intracellulaire est nécessaire au développement des bactéries ou est la réponse des cellules à l'infection. Cependant, l'analyse récente du génome de Chlamydia [33] suggère que ce microbe aérobique utilise le glutamate comme source principale de carbone. Dans ce cas, il serait importé par la bactérie de la cellule hôte, en utilisant des transporteurs de glutamate sodium-dépendant.

On verra plus loin que l'infection déclenche un processus apoptotique. Dans ce cas, un des effets pathologiques étant la diminution du volume de la cellule [34], cela pourrait expliquer la diminution de la quantité de sodium intracellulaire observée à la fin de l'expérience.

Quoiqu'il en soit, le niveau de sodium intracellulaire reste très faible ($\approx$1.3%) en comparaison de la quantité de sodium extracellulaire, aussi bien à l'état normal qu'à l'état infecté.

4.1.4 Le compartiment extracellulaire. Relaxation CPMG-SVD.

Toutes les courbes de relaxation transversale obtenues par la séquence CPMG apparaissent bi exponentielles sur la base des valeurs singulières. En conséquence elles ont été ajustées, par SVD, à la fonction suivante :

$$f_2(t) = \sum_i A_{2i} \exp(-t/T_{2i}) \qquad (i = 1,2) \tag{4.1}$$

où les indices 1 et 2 se réfèrent aux composantes apparentes lente (slow) et rapide (fast), respectivement.

La plus grande valeur singulière (SV1) correspond aux paires de paramètres de relaxation A_{21}, T_{21} tandis que la seconde valeur singulière (SV2) correspond à la paire A_{22}, T_{22}. Les valeurs singulières se révèlent plus sensibles à l'évolution de l'état du système que les paramètres de relaxation pris séparément. Elles constituent un indice sensible de la présence d'ions sodium liés.

La constante de temps lente T_{21} et le facteur pré exponentiel correspondant A_{21} est attribué au sodium libre du liquide de perfusion dans lequel baignent les cellules. La composante rapide T_{22} et l'amplitude correspondante A_{22} est attribuée aux ions sodium liés aux sites négatifs de la couche externe de la membrane cellulaire.

Le rapport des concentrations totales des sites de liaison et d'ions sodium est comparable à celui rencontré dans le chapitre modélisation pour les vésicules (concentration en sel de 150 mM). On se trouve, dans ce cas, en présence de conditions d'échange lent, ou intermédiaire. Les populations apparentes correspondent donc à la proportion réelle de sodium lié.

Origine du signal

Pour attribuer les populations des composantes de relaxation aux différents compartiments on a ajouté au milieu de perfusion le même agent paramagnétique utilisé préalablement pour la spectroscopie 1D (paragraphe précédent). Immédiatement après addition du TmDOPT^{5-} on a enregistré une série de courbes de relaxation CPMG. Les résultats (table 4.1) montrent clairement que cet agent paramagnétique raccourci les deux temps caractéristiques T_{21} et T_{22}. Les spectres 1D ont montré d'autre part que cet agent chimique ne pénètre pas à l'intérieur de la cellule. Il en résulte que seuls les ions extracellulaires peuvent entrer en contact avec le TmDOPT^{5-}, réduisant ainsi les temps de relaxation correspondants.

Table 4.1. Temps de relaxation CPMG-SVD du sodium extracellulaire

Echantillon	T_{21} *(ms)*	T_{22} *(ms)*
Cellules normales	*57.3±0.3*	*Indéterminée*
Cellules infectées	*53.14±0.1*	*14.0±1.2*
Cellules normales +Tm	*36.4±0.3*	*12.7±3.5*
Cellules infectées +Tm	*35.18±0.07*	*9.8±0.16*
Tampon	*64±0.15*	*-*

Le temps de relaxation correspondant à la composante rapide est affecté par l'agent paramagnétique, moins que la composante lente, car il est dominé par la relaxation quadrupolaire plus efficace pour le sodium lié.

D'autre part, l'ordre de grandeur de l'amplitude A_{22} (10-30%, Fig. 4.5) est très largement supérieure à l'amplitude maximum trouvée pour le compartiment intracellulaire (1.3%).

Il en résulte que les deux espèces d'ions sodium révélés par CPMG-SVD appartiennent au compartiment extracellulaire.

Dynamique du sodium extracellulaire pour les cellules normales.

Lorsque les cellules sont saines, les valeurs singulières SV1 et SV2 restent pratiquement constantes (Fig 4.3) pendant une période de 60 heures. De plus, SV2 reste très proche du niveau des valeurs singulières caractéristiques du bruit traduisant la faible proportion d'ions liés. Cela démontre le bon état des cellules dans le spectromètre durant une longue période.

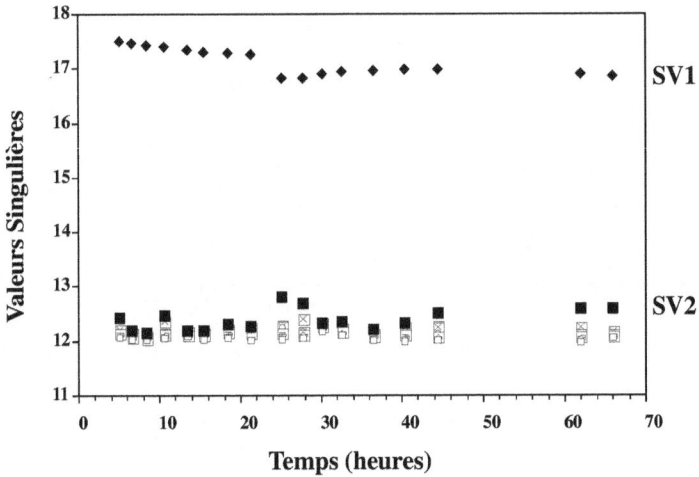

Fig.4.3 Evolution des valeurs singulières pour les cellules normales. Les symboles vides représentent les SV caractéristiques du bruit.

Après 50 heures, la valeur singulière SV2 commence à croître indiquant le début d'une dégradation de l'échantillon, même en absence d'infection.

Bien que la valeur singulière SV2 soit à la limite du bruit, on a pu obtenir une estimation de l'amplitude A_{22}. Cette amplitude est de deux ordres de grandeur inférieure (< 4%, Fig. 4.5) à l'amplitude A_{21} et est à la limite de détection. Elle constitue néanmoins une base de comparaison pour l'estimation de l'état cellulaire. Cette amplitude est par contre trop faible pour qu'une valeur fiable de la constante de temps correspondante, T_{22}, puisse être obtenue.

76

La constante de temps T_{21}, correspondant à l'amplitude A_{21}, est similaire à celle obtenue pour les ions sodium libre en solution (58 – 60 ms). Comme pour les valeurs singulières, les paramètres de relaxation (A_{22}, A_{21} et T_{21}) sont pratiquement constants au cours de toute l'expérience.

Dynamique du sodium extracellulaire pour les cellules infectées.

Lorsque les cellules sont infectées, on observe une augmentation très importante de la valeur singulière SV2 (Fig. 4.4) et de l'amplitude associée (Fig. 4.5). Le temps de relaxation correspondant reste au contraire constant et voisin de 14 ms. La variation de la valeur singulière SV2 reflète donc exclusivement l'évolution de la population correspondante d'ions liés.

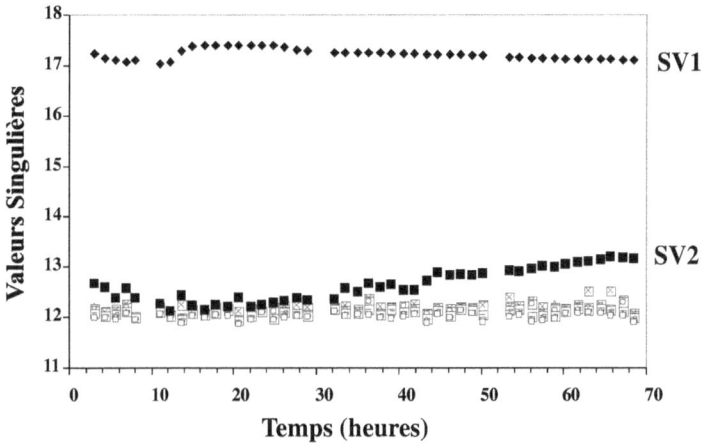

Fig.4.4 Evolution des valeurs singulières pour les cellules infectées. Les symboles vides représentent les SV caractéristiques du bruit.

La variation du rapport des populations A_{22}/A_{21} en fonction du temps est présentée dans la Fig. 4.5 pour les cellules infectées en comparaison avec les cellules normales.

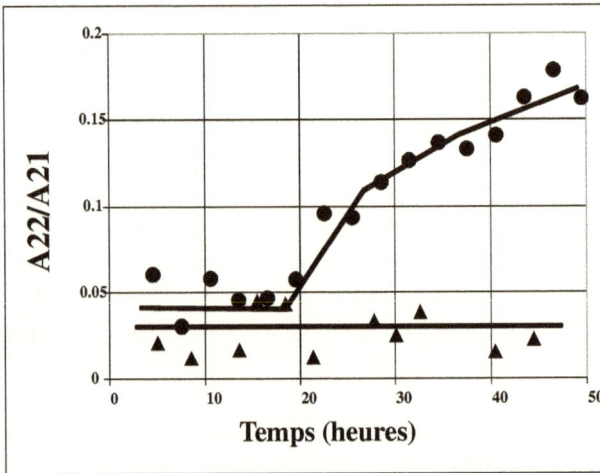

Fig.4.5 Evolution des populations relatives de sodium lié pour les cellules normales (▲) et infectées (●).

Pour tous les échantillons infectés le rapport A_{22}/A_{21} augmente, de la même manière que les valeurs singulières, à partir d'environ 20 heures d'infection, au moment où la prolifération bactérienne est maximum. La contribution de la population intracellulaire est totalement négligeable puisqu'elle ne représente que 1.3% au maximum.

La dynamique observée est donc attribuable exclusivement à la population extracellulaire et ne représente en aucun cas un éventuel flux de sodium trans-membranaire.

Au contraire, cette cinétique résulte de l'évolution de la pathologie cellulaire qui se reflète dans des changements de la structure membranaire. Ces changements structuraux induisent à leur tour une modification des propriétés de relaxation globale des ions sodium due à la relaxation quadrupolaire et que l'on attribue à la présence d'une population liée.

La présence d'ions sodium liés implique l'apparition de sites négatifs sur la surface externe de la membrane qui pourrait être du au retournement de chaînes de phosphatidyle sérine de l'intérieur vers l'extérieur. Un tel mécanisme est connu pour les cellules qui entrent en apopotose [34]. D'ailleurs un état apoptotique a déjà été mis en évidence pour les mêmes cellules HeLa infectées [35]. La cinétique de cet état est comparable a celle observée ici pour l'augmentation de la population des ions sodium liés.

Les cellules normales, pour lesquelles on n'observe aucune modification des paramètres de relaxation tant qu'elles restent saines, ne présentent pas ces sites de liaison. En effet, leur surface externe ne contient que des têtes de choline incapable de lier les ions sodium (chapitre 3, paragraphe 3.2). L'ensemble de ces hypothèses est en accord avec les résultats obtenus pour les modèles (vésicules).

Une confirmation supplémentaire est apportée par l'étude de la relaxation du sodium pour les cellules en apoptose.

Dynamique du sodium extracellulaire pour les cellules apoptotiques.

La cinétique de la valeur singulière SV2 (Fig. 4.6 -a) et de la population de sodium lié correspondante (Fig. 4.6 -b) est similaire à celle observée pour les cellules infectées, mais sur une échelle de temps beaucoup plus courte. En effet, l'état apopotatique est ici induit chimiquement et est atteint en même temps par toutes les cellules.

Immédiatement après l'injection de la toxine, la population d'ions liés commence à augmenter indiquant l'apparition presque instantanée de nouveaux sites de liaison sur la surface membranaire.

Au bout de 15 heures environ, la population liée est déjà supérieure à celle obtenue pour les échantillons infectés au bout de 60 heures. Simultanément, une diminution de la valeur T_{21} (53ms) indique une accélération probable de l'échange due à l'augmentation du nombre de sites de liaison.

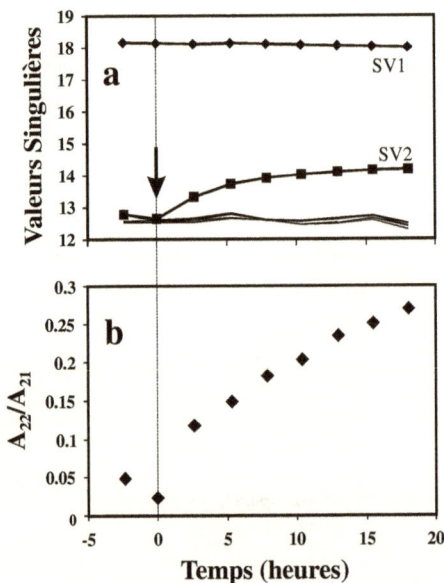

Fig.4.6 Evolution au cours du temps des valeurs singulières et de l'amplitude relative de sodium lié pour les cellules en apoptose. La flèche indique le moment de l'injection de la toxine dans le liquide de perfusion.

Corrélation entre la phosphatidyl-sérine (PS) exposée et la population de sodium lié dans le milieu extracellulaire.

La proportion de PS exposée à la surface externe de la membrane cellulaire peut être obtenue par cytofluorimétrie pour les mêmes cellules infectées [36]. Dans cette méthode [37], on utilise la fluorescence de l'annexine V qui lie spécifiquement les têtes polaires de PS et ne rentre pas dans la cellule. En combinant cette méthode avec un test de viabilité PI (propidium-iodide viability assay [37]) il a été montré qu'approximativement 80% des

80

cellules sont dans un état apoptotique après deux jours d'infection par *C. psittaci*. Parmi celles ci, 40% sont dans un état nécrotique ou à la fin de l'apoptose.

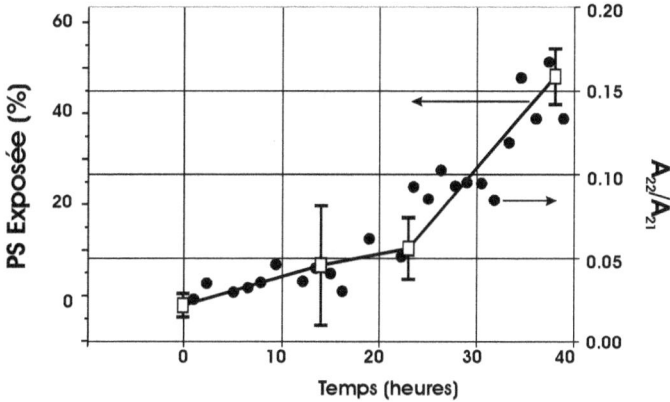

Fig.4.7 Evolution au cours du temps du pourcentage (par rapport au nombre de cellules) de PS exposée (□) et de la population relative de sodium lié (●).

La cinétique de translocation de PS à la surface externe de la membrane cellulaire est similaire à l'apparition de la population de sodium lié (rapport A_{22}/A_{21}, Fig. 4.7).

Ce résultat permet d'une part, de confirmer la nature des sites de liaison qui apparaissent du fait de la pathologie (infection ou apoptose) et, d'autre part, de confirmer l'origine extracellulaire du sodium lié « vu » par CPMG-SVD.

Le pourcentage de PS exposé à l'annexine V provient seulement des cellules nécrotiques et/ou apoptotiques intactes [37]. La population relative de la composante A_{22}, observée par CPMG-SVD au cours des premières 40 heures, provient donc des ions sodium liés à des cellules entières en état pathologique et non à des débris cellulaires.

Ce résultat est parfaitement cohérent avec l'hypothèse que la population de sodium lié est un indicateur très sensible de la mort cellulaire et d'une manière générale d'un état pathologique quelconque.

4.1.5 Conclusions

Deux changements majeurs de la population de sodium ont pu être mis en évidence pour les cellules HeLa. D'une part, des changements dans le sodium intracellulaire témoignent des besoins métaboliques des bactéries et, d'autre part, des changements dans la quantité de sodium liés à la surface externe de la membrane cellulaire sont dus à l'état pathologique des cellules hôtes.

Pour ces systèmes de cellules perfusées, la quantité totale de sodium intracellulaire reste insignifiante par rapport à la quantité de sodium extracellulaire, dans l'état normal ou pathologique. La fraction, bien supérieure, de sodium lié à l'extérieur de la cellule n'est pas corrélée avec la population intracellulaire. Dans l'état pathologique, les augmentations observées de ces populations ne sont pas corrélées non plus, et semble être déclenchées par des mécanismes indépendants.

En résumé, l'état pathologique des cellules est clairement démontré par l'évolution des paramètres de relaxation. Ces modifications résultent de la présence des sites de liaison pour les ions sodium qui apparaissent à la surface externe de la cellule en cours d'apoptose. La relaxation quadrupolaire du sodium est alors profondément modifiée ce qui peut être mis en évidence par l'analyse SVD des signaux CPMG. En particulier la valeur singulière SV2 caractérise la normalité de l'état cellulaire. Elle croît avec l'aggravation de la pathologie et traduit l'augmentation de la quantité de sodium lié extracellulaire.

4.2 Le foie perfusé

4.2.1 Introduction

Il était intéressant d'appliquer les mêmes méthodes à l'étude des systèmes biologiques plus complexes comme les tissus. Le laboratoire ayant un intérêt dans l'étude des propriétés physiologiques du foie en vu de l'amélioration des protocoles de transplantation chez l'homme, il était naturel de choisir cet organe comme système biologique complexe.

Dans ce contexte, des déclins de relaxation CPMG du sodium et des spectres filtrés triple quantum ont été enregistrés pour des foies de souris perfusés, dans des conditions normale et ischémique.

4.2.2 Préparation du tissu et méthodes expérimentales.

La préparation des échantillons a été réalisée suivant des protocoles bien établis au laboratoire et adaptés à l'enregistrement des spectres dans le spectromètre à aimant vertical (9.4T). Les foies (en moyenne de 2 g) ont été prélevés sur des souris Swiss de 30g. Le foie est maintenu en fonction dans le spectromètre à l'aide de la circulation d'un liquide de perfusion oxygéné (hématies humaines dont l'hématocrite est fixé à 7% dans un tampon Krebs, sans phosphate, et contenant 3% de fraction V d'albumine de bœuf) [30]. Le débit est contrôlé à 4ml/min par une pompe péristaltique. L'état ischémique (pathologique) a été provoqué par l'arrêt de la circulation du liquide de perfusion.

La perfusion passe par les veines du foie, mais celui-ci n'est pas immergé dans le liquide. Ceci permet de limiter l'origine du signal de RMN seulement aux ions sodium du tissu.

En début de chaque expérience l'état du tissu a été contrôlé grâce au spectre ^{31}P qui est caractéristique du métabolisme énergétique cellulaire.

Des spectres TQF (nt=240) ont été enregistrés à intervalle régulier entre les mesures de relaxation CPMG.

L'intervalle optimal τ pour la création de la cohérence TQF, déterminé une fois pour toute, était de 5 ms. Les déclins CPMG ont été enregistrés de manière similaire aux expériences sur les cellules. L'intervalle de temps entre chaque écho était de 1.7 ms et 128 déclins de 288 points complexes ont été accumulés. Une seule acquisition était suffisante compte tenu du bon rapport signal sur bruit.

Ceci nous a permis d'échantillonner l'état du tissu toutes les 10 mn (3mn pour le CPMG, 4mn30 de « repos » pour dissiper l'énergie RF déposée par le train d'impulsions CPMG et 2mn 30 pour le TQF).

4.2.3 Caractéristiques des états normaux et pathologiques.

Foie sain

Le bon état de viabilité du foie est tout d'abord démontré par le spectre ^{31}P qui présente les résonances de NTP (Fig. 4.8 - a) caractéristiques.

Les déclins de relaxation CPMG sont bi exponentiels et ont été ajustés par SVD. Les paramètres de relaxation correspondants sont résumés dans le tableau suivant :

T_{21} (ms)	T_{22} (ms)	A_{22}/A_{21}
53.2±0.7	10.2±1.2	0.26±0.02

La caractéristique bi-exponentielle de la relaxation n'implique pas ici l'existence d'un état pathologique, puisque le spectre ^{31}P démontre l'activité métabolique normale du foie. Au contraire, cette caractéristique traduit l'hétérogénéité importante du tissu. Les sites de liaison potentiels y sont nombreux, le milieu intracellulaire, des macromolécules extracellulaires, d'autres sites localisés sur la paroi des vaisseaux sanguins, les globules rouges mêmes etc… Le rapport A_{22}/A_{21} traduit la présence de ces nombreux sites.

La valeur de la constante de temps T_{21}, associée aux ions sodium libre, est sensiblement plus faible que celle obtenue pour une solution de sel à la même concentration suggérant là encore l'existence d'un processus d'échange entre les populations libre et lié en contact physique.

La constante T_{22}, attribuée à la totalité du sodium lié, intra et extracellulaire, est caractéristique pour des systèmes biologiques et pour les conditions de CPMG-SVD utilisées.

Les paramètres de relaxation du compartiment lié observés pour le tissu sain constituent une référence pour la caractérisation de l'état pathologique. En effet, l'ischémie induit des modifications importantes de ces paramètres.

Foie après ischémie.

Après une période d'ischémie chaude suivi d'une période d'observation d'environ 3 heures (paragraphe suivant) le spectre ^{31}P du foie (Fig. 4.8 - b) est caractéristique d'un tissu mort. Le métabolisme énergétique est absent (absence des résonances caractéristiques des NTP) et la présence de phosphate inorganique en quantité importante traduit la mort cellulaire.

Parallèlement, le signal TQF a considérablement augmenté et le déclin CPMG devient tri – exponentiel (3 valeurs singulières distinctes du bruit). (Fig. 4.8 - b)

Les résultats sont résumés dans le tableau suivant :

T_{21} (ms)	T_{22} (ms)	T_{23} (ms)	T_{2slow} (ms)	T_{2fast} (ms)	A_{bound}/A_{free}
	CPMG	CPMG	TQF	TQF	
47.0±0.9	15.5±2.0	3.4±0.6	24±1.7	1.8±0.1	1.1±0.4

où on a fait figurer les constantes de temps T_{2slow} et T_{2fast} obtenu par TQF. Il n'a pas été possible d'obtenir ces paramètres TQF avec le foie sain car l'expérience dure environ une heure pendant laquelle le foie évolue dans le spectromètre.

Foie sain   **avant ischémie**

^{31}P

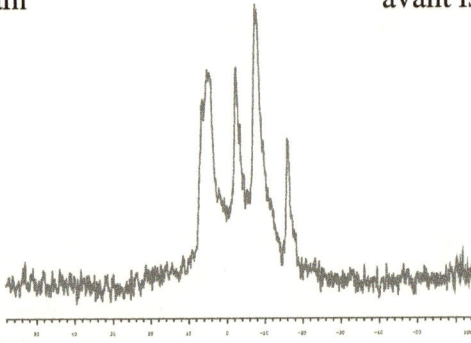

^{23}Na TQF

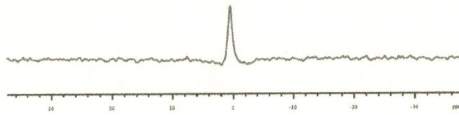

^{23}Na CPMG-SVD

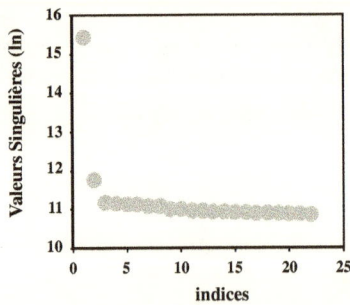

(a)

Fig.4.8 – a. Les caractéristiques « RMN » du foie sain. Spectre ^{31}P, spectre TQF sodium et valeurs singulières du signal CPMG (sodium).

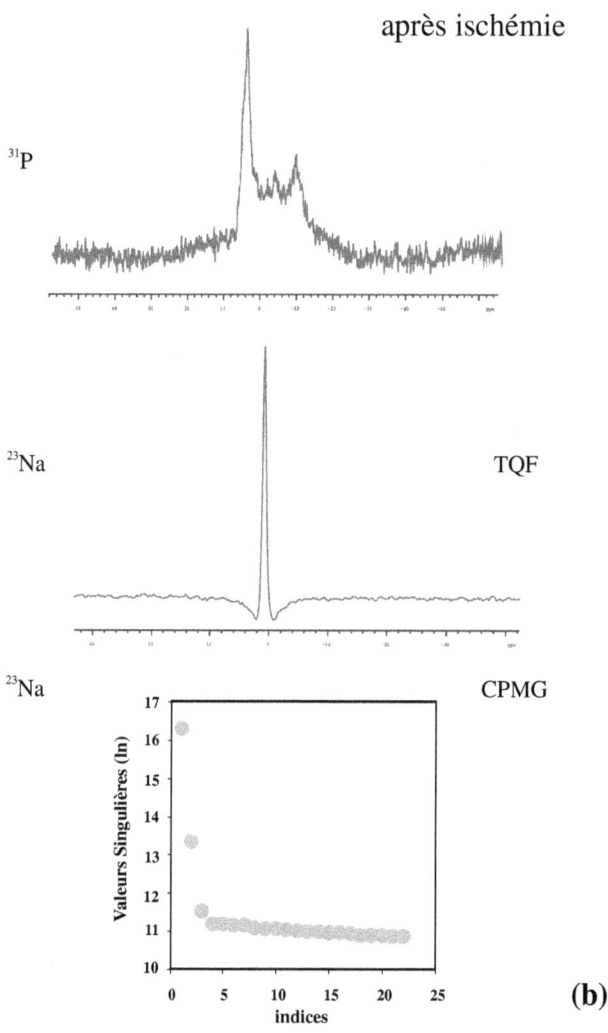

après ischémie

Fig.4.8 – b. Les caractéristiques du foie ischémique. Spectre ^{31}P, spectre TQF sodium et valeurs singulières du signal CPMG (sodium).

La composante dont le temps de relaxation est le plus long (T_{21}) a été attribuée naturellement à la population de sodium libre tandis que celles correspondant aux temps T_{22} et T_{23} sont attribués à la fraction de sodium lié. Cette attribution sera justifiée au paragraphe suivant en comparant les amplitudes TQF et CMPG-SVD du début à la fin de l'expérience.

La constante de temps T_{21} est très réduite par rapport au foie sain à cause de l'échange rapide avec la fraction liée qui a augmenté de plus de 100%. Cette augmentation est traduite à la fois par l'augmentation de l'amplitude du signal TQF et par celle des amplitudes des composantes T_{22} et T_{23} obtenues par CPMG-SVD.

Les constantes de temps T_{22} et T_{23} diffèrent significativement des constantes T_{2slow} et T_{2fast} obtenu par TQF. L'hétérogénéité du tissu peut expliquer ces différences. Il est probable que chaque micro-compartiment de sodium lié et libre, contribue différemment aux constantes globales observées par CPMG-SVD et TQF à cause d'un régime d'échange différent. On peut d'ailleurs remarquer (Fig. 4.9) que l'ajustement de la courbe des amplitudes TQF en fonction du temps de création n'est pas parfait.

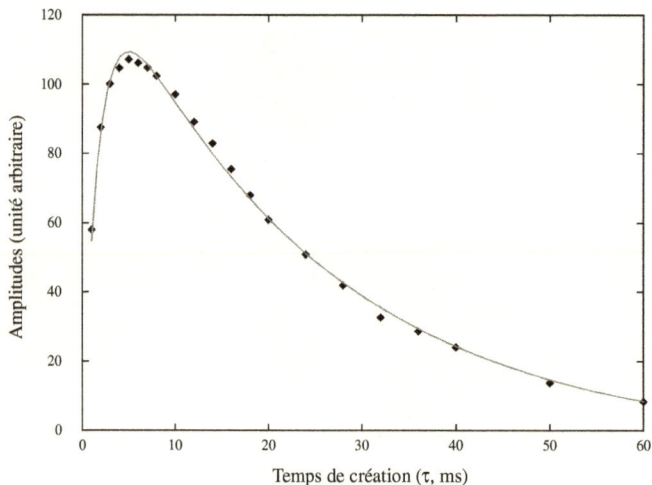

Fig.4.9 Evolution de l'amplitude du signal TQF avec le temps de création de la séquence (Annexe A) pour le foie ischémique.

4.2.4 Cinétique globale des paramètres de relaxation

La variation des valeurs singulières au cours des 4 heures 30 mn d'expérience est représentée à la Fig. 4.10.

Pendant toute la période précédant l'ischémie, la valeur singulière SV2 augmente lentement traduisant une dégradation du tissu. Après ischémie on observe une très nette augmentation de cette valeur singulière. En parallèle, la valeur singulière SV3 se détache légèrement du bruit.

SV1 reste constant durant ces deux périodes, avec une valeur plus élevée après l'ischémie.

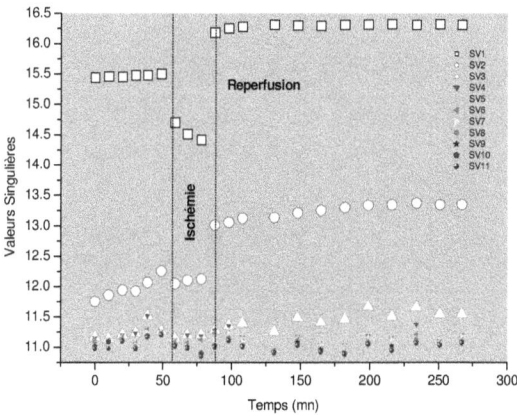

Fig.4.10 Evolution des valeurs singulières au cours de l'expérience d'ischémie.

Pendant l'ischémie SV1 diminue de manière importante tandis que SV2 semble peu évoluer. L'évolution des valeurs singulières traduit principalement les variations de population dans les différents compartiments car les constantes de temps associés varient assez peu au cours de toute l'expérience.

Pour pouvoir suivre l'évolution des paramètres de relaxation au cours de toute l'expérience, on a choisi de traiter l'ensemble des déclins CPMG de la même manière, comme des bi-exponentielles. Cela n'affecte pas sensiblement la quantification des composantes libre et lié comme le montre, d'une part la simulation et, d'autre part, la comparaison avec les amplitudes obtenues par TQF (Fig. 4.11).

En effet, l'amplitude A_{22} de la composante T_{22} obtenue par CPMG-SVD, et que l'on attribue à l'ensemble des compartiments liés, suit parfaitement l'amplitude des spectres TQF tout au long de l'expérience. Ceci prouve que la population représentée par l'amplitude A_{22} est correctement attribuée. Il en résulte que la composante A_{21} représente l'ensemble des compartiments libres.

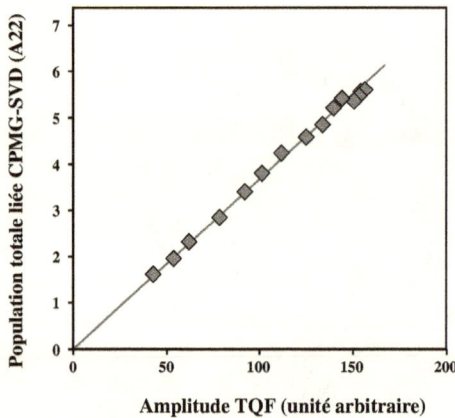

Fig.4.11 La correspondance entre les amplitudes TQF et CPMG de la population liée

La variation des populations libres (A_{21}) et liées (A_{22}) ainsi déterminé est présentée dans la Fig. 4.12.

La population de sodium libre est parfaitement constante avant l'ischémie. Au moment où la perfusion est arrêtée on observe une très nette diminution de cette population traduisant une restriction du volume occupé par le liquide de perfusion. L'arrêt de la circulation provoque en effet une contraction des vaisseaux. Au moment de la reperfusion, la quantité de sodium

90

augmente assez brutalement à un niveau supérieur au niveau initial. Cet effet peut être interprété par une augmentation du volume tissulaire (augmentation du volume extracellulaire).

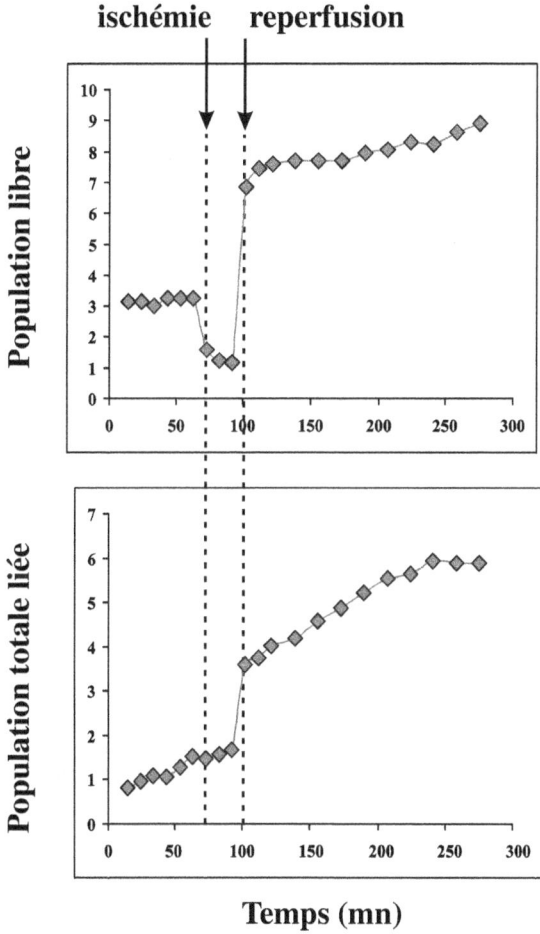

Fig.4.12 Evolution des populations libres et liées, vu par CPMG au cours de l'expérience d'ischémie sur le foie.

La composante de sodium lié A_{22} augmente légèrement avant l'ischémie traduisant une légère dégradation normale du tissu dans le spectromètre. Pendant l'ischémie cette légère tendance est maintenue de manière surprenante. Les sites de liaison qui devraient apparaître du fait de la pathologie ne peuvent être en effet occupés à cause de l'absence de sodium libre disponible. Cette hypothèse est confirmée par la cinétique observée après reperfusion. Immédiatement après la mise en circulation du liquide de perfusion on observe en effet une brusque augmentation de la population totale de sodium lié résultant d'un apport important d'ions dans le milieu extracellulaire.

D'autre part, le temps de relaxation associé à la composante correspondante au compartiment d'ions libres diminue de manière continue après l'ischémie.

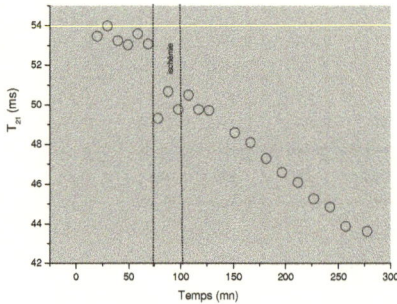

Fig. 4.13 Evolution du temps de relaxation du compartiment d'ions libres au cours de l'expérience d'ischémie sur le foie.

Cette diminution suggère que ce compartiment est en contact physique avec tout ou partie du compartiment d'ions liés, caractérisé par des temps de relaxation intrinsèques bien plus courts et avec lequel il est en échange rapide. Ceci est en accord avec l'augmentation importante de la proportion de sites liés (Fig. 4.12) obtenus après ischémie et correspond aux résultats observés avec les systèmes modèles (vésicules) à faible concentration totale en sodium.

Une part importante de la population d'ions liés serait donc d'origine extracellulaire. Les sites de liaison seraient encore une fois la PS des membranes des hépatocytes, traduisant le début de la mort des cellules soumises à la pathologie. Enfin, la quantité de sodium totale lié, vu par

CPMG, continue à augmenter progressivement jusqu'a un plateau, au moment de la mort du tissu.

Ces résultats semblent en contradiction avec les résultats obtenus par Collet et al. [16] qui ont montré, par MQF et en présence d'agent de déplacement chimique (et de relaxation), que l'augmentation de sodium lié pendant l'ischémie est d'origine intracellulaire.

Cependant, la quantification par MQF du sodium lié extracellulaire, soumis à l'effet de l'agent de déplacement et de relaxation, peut être très perturbée. En effet, l'intensité du signal MQF dépend fortement, d'une part de la fréquence de précession (offset) pendant la période d'évolution des cohérences MQ, et, d'autre part, des constantes de temps de relaxation du sodium lié. L'effet de relaxation du au composé paramagnétique est plus important pour la composante lente que pour la composante rapide, ce qui va « rapprocher » T_{2slow} et T_{2fast}. Dans ce cas, l'amplitude du signal « filtré » MQF (équation A3) peut diminuer même si la population liée extracellulaire augmente. D'autre part, la forte concentration relative de sodium extracellulaire libre (du fait de l'immersion de l'organe dans le liquide de perfusion) pourrait entraîner une diminution importante du signal TQF extracellulaire (tel que sur la Fig. 3.17) correspondant à la présence éventuelle de sodium lié dans ce compartiment.

4.2.5 Conclusions

Les expériences d'ischémie sur le foie perfusé montrent une fois de plus la relation entre l'augmentation des valeurs singulières détachées du bruit et une pathologie. Ce critère, totalement objectif, fourni par l'analyse SVD des déclins de relaxation CPMG, traduit l'augmentation de la quantité de sodium lié.

L'origine précise du sodium contribuant à ce signal reste encore à démontrer pour le foie. Il est clair que l'hétérogénéité du tissu conduit très certainement à la présence de plusieurs populations indépendantes de sodium lié, dont une partie contribue aux signaux observés pour le tissu sain. Mais une augmentation du signal globale, après ischémie, traduit certainement l'apparition de nouveaux sites à la surface externe de la membrane cellulaire, comme cela a été montré pour les cellules isolées (paragraphe 4.1).

L'amplitude du signal total TQF correspond aussi, quantitativement, à l'existence de ces sites, mais la méthode CPMG-SVD a l'avantage de fournir des informations sur la fraction libre, dont on a pu voir l'intérêt en termes de paramètres physiologiques (augmentation du volume tissulaire…).

CHAPITRE V

Conclusions générales

L'importance des ions sodium dans les systèmes vivants est bien connue et est démontrée par le nombre des études portant sur la quantification des différentes populations associées principalement aux compartiment intra ou extra cellulaire.

Pour cela, l'utilisation de la technique RMN a été largement explorée, mettant à profit son caractère non invasif et la possibilité d'un suivi en temps réel de l'évolution d'un même système. Mais du point de vue particulier des ions sodium, la RMN apparaît comme une méthode encore plus attractive du fait des propriétés quadrupolaires de ces ions qui sont révélées lors d'une liaison à un site de polarité négative. Dans les solutions fluides les mouvements moléculaires rapides des ions sodium moyennent les interactions quadrupolaires. Dans ces conditions, la relaxation du sodium apparaît mono exponentielle avec une constante de temps caractéristique voisine de 60 ms à « température ambiante » (condition de rétrécissement extrême).

Lorsqu'ils sont liés à des macromolécules, l'interaction quadrupolaire est mise en évidence par une relaxation bi-exponentielle avec des constantes de temps caractéristiques bien distinctes, T_{2fast} et T_{2slow}.

En général, les systèmes biologiques sont très hétérogènes et comportent de nombreux sites potentiels de liaison pour les ions sodium. Dans ces systèmes on s'attend donc à trouver des populations d'ions liés et des populations d'ions libres, en contact physique ou entièrement séparées.

L'idée communément admise est que la grande majorité de la population d'ions liés est localisée à l'intérieur de la cellule, tandis que la population d'ions libres est dans le milieu extracellulaire. De plus la perméabilité de la membrane cellulaire vis à vis de ces ions est telle que l'échange entre ces populations (extra et intracellulaires) est très lent à l'échelle des temps caractéristiques de la RMN (temps de relaxation).

Les techniques de filtrage multi-quanta (MQF), mettant à profit le caractère bi-exponentiel du sodium lié, ont été utilisées pour quantifier les changements de la population de sodium lié (supposé intracellulaire) qui résulteraient d'un état pathologique du système étudié.

Au contraire, la technique de relaxation (CPMG), qui « voit » l'ensemble des ions sodium, a été moins utilisée du fait des difficultés à séparer convenablement les composantes des déclins de relaxation d'une part, et d'autre part, des difficultés d'interprétation des résultats obtenus.

Un résultat cependant globalement accepté est que le rapport des populations de sodium lié et libre est modifié lors d'une pathologie.

Dans le but de caractériser l'ensemble des populations des ions sodium et leur évolution au cours d'une pathologie on a choisi la méthode de relaxation CPMG mais en lui associant une technique d'analyse objective et fiable. L'analyse par décomposition en valeurs singulières (SVD) permet de remplir cette dernière condition puisqu'elle procure directement le nombre de déclins ainsi que les constantes de temps associés, ce qui permet ensuite d'obtenir les populations respectives. Le développement de cette méthode CPMG-SVD a révélé un nouveau paramètre de relaxation, totalement objectif, les valeurs singulières caractéristiques du déclin CPMG. Ces valeurs singulières portent en elles simultanément les informations de temps de relaxation et des populations correspondantes permettant de révéler des modifications induites au cours de l'évolution d'un système là où les paramètres de relaxation classique sont subjectifs.

Pour avoir une bonne connaissance de la méthode CPMG-SVD appliquée à la relaxation du sodium, on a commencé par une caractérisation de la relaxation des ions sodium dans différents environnements modèles, tels que l'agarose et des vésicules formées de phospholipides chargés ou non. Ces mesures ont été complétées par des expériences TQF afin de comparer les résultats obtenus par ces deux méthodes. Pour tous les échantillons, la relaxation CPMG était bi-exponentielle.

Dans le cas de l'agarose, la relaxation quadrupolaire n'est pas modulée, comme on pouvait s'y attendre, par la viscosité macroscopique du système, mais est plutôt contrôlée par des propriétés au niveau microscopique qui résultent d'un processus d'échange entre populations libres et liées en contact physique. L'influence du compartiment d'ions libres se manifeste d'une part par des valeurs anormalement élevées des constantes de temps du compartiment lié et qui ne suivent pas l'augmentation du temps de corrélation du mouvement des ions avec la concentration en agarose. D'autre part, l'existence du processus d'échange est mise en évidence par la dépendance des paramètres de relaxation avec la concentration en sodium. L'échange influence différemment les paramètres de relaxation obtenus par CPMG-SVD et TQF. L'amplitude du signal TQF est fortement perturbée, et peut même disparaître, tandis que les valeurs singulières de la méthode CPMG-SVD permettent toujours d'obtenir les amplitudes correspondantes à la population liée. Ces échantillons modèles sont caractérisés par un nombre de sites de liaison potentielle en général plus élevé que dans le cas des systèmes biologiques.

Les vésicules représentent le cas opposé où la concentration de sites de liaison potentielle est beaucoup plus faible que celle d'ions libres.

Tout d'abord, la relaxation des ions sodium en contact avec les vésicules formés de phospholipides non chargés (PC) est toujours mono-exponentielle et ces propriétés sont très voisines de celles obtenues en solution fluide dans le tampon. Les ions sodium n'interagissent que très faiblement avec ces vésicules.

Au contraire, les vésicules comportant des phospholipides chargés (PS ou PA) sont caractérisées par une relaxation bi-exponentielle des ions sodium suggérant ainsi l'existence d'au moins deux compartiments (ions libres dans le tampon et liés sur les charges négatives de PS ou PA). De plus, la dépendance des temps de relaxation apparents avec la concentration totale en ions suggère la présence d'un échange entre ces deux populations. Ce processus est être modulé par le rapport $p_{lié}/p_{libre}$ de telle sorte qu'un changement de régime d'échange (de lent à rapide) est mis en évidence dans la dépendance de la constante de temps T_{22}. L'échange reste rapide vis à vis de la constante de temps T_{21}.

Pour tous les systèmes modèles, l'existence d'un processus d'échange est donc clairement mis en évidence lorsque les populations d'ions libres et liés sont en contact.

Dans les systèmes vivants cette situation peut coexister avec une séparation physique de différents milieux. Par exemple, dans le milieu extracellulaire, les ions libres en contact avec des ions liés à la membrane ou à des macromolécules seront en échange, rapide ou non, selon les proportions relatives. Les paramètres de relaxation obtenus seront en général apparents et dépendants du régime d'échange. La méthode CPMG-SVD permettra cependant la caractérisation des deux espèces dans tous les cas. Les résultats de la méthode TQF, seront au contraire très dépendants du régime d'échange. Dans le milieu intracellulaire, les ions sont en général majoritairement liés. La présence éventuelle d'ions libres dans ce milieu implique des conditions d'échange très rapides. Si la proportion de ces ions reste très faible dans ce compartiment, les deux méthodes TQF et CPMG-SVD donneront des résultats similaires.

Dans le cas des cellules isolées, on a montré que la pathologie (infection) conduisant à l'apoptose est accompagnée d'un changement important de la dynamique des ions sodium dans le milieu extracellulaire.

Pour des cellules normales, la relaxation du sodium apparaît globalement mono-exponentielle. Le signal est dominé par le sodium libre du milieu de perfusion (extracellulaire) dans lequel baignent les cellules. La population de sodium intracellulaire est proportionnellement très faible et ne contribue pratiquement pas au signal total. Cette population a pu cependant être quantifié en spectroscopie, en ajoutant un agent paramagnétique de déplacement chimique. Elle reste constante au cours de l'expérience.

Dans le cas des cellules infectées, la quantité de sodium intracellulaire augmente au moment du maximum du développement bactérien puis redescend lentement au niveau initial. Toutefois, la population relative reste toujours très faible par rapport à la quantité totale de sodium (1.3% au maximum). Le signal CPMG observé sur ce système provient donc essentiellement du sodium extracellulaire pour lequel on observe une augmentation constante de la fraction liée (jusqu'à 30%). Cette augmentation se traduit, objectivement, par une augmentation de la seconde valeur singulière obtenue par SVD du déclin CPMG.

L'existence de nouveaux sites de liaison pour l'ion sodium dans le milieu extracellulaire est assurée par le retournement vers l'extérieur des chaînes de PS de la structure membranaire. Ce mécanisme, connu lorsque les cellules entrent en apoptose, a pu être suivi indépendamment par des méthodes de cytofluorimétrie dont la cinétique suit parfaitement la dynamique de la population d'ions sodium liés.

Les mêmes observations faites avec des cellules dont l'apoptose était déclenchée chimiquement, ont confirmées cette interprétation.

Les résultats obtenus avec un système graduellement plus complexe (tissu, foie) ont démontrés encore une fois la relation entre la dynamique des valeurs singulières et l'état pathologique (ischémie) du tissu. Bien qu'on n'ait pas pu encore localiser précisément l'origine du signal observé, l'augmentation des sites de liaison de sodium est démontrée clairement. Cependant la décroissance continue de la constante de temps attribuée à la population de sodium libre montre que celle-ci est en contact physique avec une population importante d'ions sodium liés et avec laquelle elle est en échange rapide. Ceci suggère qu'une part importante des nouveaux sites de liaison qui sont apparus au cours de la pathologie est localisée dans le milieu extracellulaire.

Dans ce contexte, les perspectives offertes par la technique CPMG-SVD semblent très prometteuses. Tout d'abord, elle ne nécessite pas l'injection d'agent de contraste ou de déplacement chimique qui peuvent être toxique ou interagir avec le système d'investigation. D'autre part, elle peut, *a priori*, être étendue à d'autres types de tissus et/ou de pathologies que les quelques cas examinés ici.

Par exemple, la relation entre l'augmentation de la population de sodium lié, mise en évidence par l'augmentation de la seconde valeur singulière, observée avec les cellules en apoptose, pourrait permettre de suivre, de manière précoce, l'efficacité et le progrès d'un traitement anti tumorale. D'autre part, la relaxation du sodium pourrait être un indice fiable et rapide à obtenir pour le suivi des organes avant leur transplantation, voire même après celle-ci (signe de rejet par exemple).

D'une manière plus générale, l'investigation de la population de sodium liée dans le milieu extracellulaire a fait l'objet d'un nombre limité d'études. Il semble pourtant que l'analyse de la dynamique de ces ions pourrait apporter des informations sur l'état « physiologique » de la membrane de la cellule en relation avec, soit la réponse à des traitements spécifiques et ciblés, soit avec des états pathologiques du à un disfonctionnement.. Dans tous les cas, la translocation des chaînes de phospholipides (en particulier de PS), est probablement l'une des sources principales de sodium lié extracellulaire. Il serait très intéressant d'étudier la réversibilité de ce processus. Pour cela, la méthode CPMG-SVD sur le sodium pourrait apporter des informations objectives (les valeurs singulières) et quantitatives (les paramètres de relaxation), tout en restant parfaitement non invasive.

Références

1. Rooney, W.D., and Springer, C.S., 1991, *The molecular environment of intracellular sodium: 23Na NMR relaxation*, NMR in Biomed., **4**, 227-245

2. Monoi, H., and Katsukura, Y. 1976. *Nuclear Magnetic Resonance of ^{23} Na in suspensions of pig erythrocyte ghost: a comment on the interpretation of tissue ^{23}Na signals*. Biophys. J. **16**, 979-981

3. Springer, C.S., Jr. 1987. *Measurement of metal cation compartmentalization in tissue by high-resolution metal cation NMR.* Annu. Rev. Biophys. Biophys.Chem. **16**, 375-399

4. Kemp-Harper, R., Brown, S.P., Hughes, C.E., Styles, P., Winperis, S., 1997, *^{23}Na NMR methods for selective observation of sodium ions in ordered environments*, Prog.Nucl.Magn.Reson.Spec., 30,157-181

5. Jelicks, L.A., and Gupta, R., 1989, *Double Quantum NMR of sodium ions in cells and tissues. Paramagnetic quenching of extracellular coherence.*, J.Magn.Reson., 81, 586-592

6. Pekar, J., and Leigh, J.S., 1986, *Detection of biexponential relaxation in sodium-23 facilitated by double-quantum filtering*, J.Magn.Reson.,**69**, 582-584

7. Jaccard, G., Wimperis, S., and Bodenhausen, G., 1986, *Multiple quantum NMR spectroscopy of S=3/2 spins in isotropic phase: a new probe for multiexponential relaxation*, J.Chem.Phys., **85**, 6282-6293

8. Payne, G. S., and Styles, P., *Multiple Quantum filtered ^{23}Na spectroscopy in model systems*, 1991, J.Magn.Reson **94**, 256-266

9. Ogino, T., Shulman, G.I., Avison, M.J., Gullans, S.R., den Hollander, J.A, 1985,^{23}Na and ^{39}K NMR studies of Ion Transport in Human Erythrocytes, Proc.Natl.Acad.Sci.USA, **82**,1099-1103

10. Chang, D.C., and. Woessner, D.E. 1978, *Spin-Echo study of ^{23}Na relaxation in skeletal muscle. Evidence of ion binding inside a biological cell*, J.Magn.Reson. **30**, 185-191

11. Kushnir,T., Knubovets, T., Itzchac., Y, Eliav, U. Sadeh, M. Rapoport., L. Kott, E. Navon, G. 1997, *In vivo ^{23}Na NMR studies of Myotonic Dystrophy*, Magn. Res. in Med, **37**,192-196

12. Foy, B. D., and Burstein, D.,*Characteristics of extracellular sodium relaxation in perfused hearts with pathologic intervensions*; 1992, Magn. Reson. In Med. **27**,270-283

13. . Payne, G. S., Seymour, A-M. L., Styles, P., and Radda, G. K., 1990, *Multiple Quantum Filtered ^{23}Na NMR Spectroscopy in the perfused Heart*, NMR in Biomed,.**3**, 139-146.

14. Dizon, J.M.,Tauskela,J.S., Wise, D., Burkhoff, D., Cannon, P.J., Katz,J., 1996, *Evaluation of triple quantum filtered ^{23}Na NMR in monitoring of intracellular Na content in the perfused rat heart: comparison of intra- and extra-cellular transverse relaxation and spectral amplitudes*, 1996, Magn.Reson.Med., **35**,336-345

15. Xia, Z., Horton, J. W., and Zhao, P., 1997, *NMR relaxation Studys on Hepatic Intracellular and Extracellular Sodium in Rats with Burn Injury*; Journal of Burn Care & Rehabilitation, **18**, 193-199.

16. Colet, J-M., Bansal, N., Malloy, C. R., and Dean, A., 1999, *Multiple Quantum Filtered ^{23}Na NMR spectroscopy of the Isolated, Perfused rat Liver*; Magn,Reson.Med, **41**,1127-1135.

17. Borthakur, A., Hancu, I., Boada, F. E., Shen, G. X., Shapiro, E. M., and Reddy, R., 1999, *In vivo Triple Quantum Filtered Twisted Projection Sodium MRI of Human Articular Cartilage*, J. Magn. Res., **141**,286-296.

18. Reddy, R., Li, S., Noyszwski, E.A., Kneeland, J.B., and Leigh, J.S., 1997, *In vivo sodium multiple quantum spectroscopy of human articular cartilage*, Magn.Reson.Med., 207-214

19. Ernst, R.R., Bodenhausen, G., and Wokaun, A., 1987, *Principles of Nuclear Magnetic Resonance in One and Two Dimensions*, Clarendon Press, Oxford

20. Bull,T.E., 1972, *Nuclear Magnetic Resonance of spin −3/2 nuclei involved in chemical exchange*, J. Magn.Res, 8, 344-353.

21. Hubbard, P.S., 1970, *Nonexponential nuclear magnetic relaxation by quadrupole interactions*, J.Chem.Phys., **53**, 985-993

22. Lupu, M., and Todor, D., 1996, *Linear prediction and singular value decomposition*, in Signal treatment and signal analysis in NMR, Elsevier, 164-190

23. Golub, G.H., and Van Loan, C.F., 1989, *Matrix Computation*, The John Hopkins University press, London, 115-125

24. Barkhuijsen, H., Beert, R., Bovee, W.M.M.J., Ormont, D., 1986, *Error theory for time domain signal analysis with linear prediction and singular value decomposition*, J. Magn.reson, **67**, 371-375.

25. Barkhuijsen, H., Beert, R., Bovee, W.M.M.J., Ormont, D., 1985, *Retrieval of frequencies, amplitudes and damping factor and phases from time domain signals using a linear least square procedure*, J. Magn.Reson., **61**, 465-481

26. Payne, G. S., and Styles, P., 1991, *Multiple Quantum Filtered [23]Na spectroscopy in model systems*, J. Magn.Reson., **95**, 253-266

27. Kurland, R., Newton, C., Nir, S., and Papahadjopoulos, D., 1979, *Specificity of Na[+] binding to phosphatidylserine vesicles from ^{23}Na NMR relaxation study*, Biochem.Biophys.Acta, **551**, 137-147

28. Neeman, M., Rushkin, E., Kadouri, A., and Degani, H., 1988, *Adaptation of culture methods for NMR studies of anchorage-dependent cells*, Magn. Reson. Med., **7**, 236-242

29. Ojcius, D.M., Degani, H., Mispelter, J., Dautry-Varsat, A., 1998, *Enhancement of ATP levels and glucose metabolism during an infection by Chlamydia*, J Biol Chem. **273**, 7052-7058

30. Bansal N., German M.J., Seshan V., Shires G.T., Malloy C.R., Sherry A.D., *TmDOTP^{5-} as a ^{23}Na shift reagent for the in vivo rat liver.*, Biochemistry, **32**, 1993, 5638-5643.

31. Moulder J. W., *Interaction of chlamydiae and host cells in vitro*, 1991, Microbiol. Rev., **55**, , 143-190.

32. Ojcius D.M., Degani H., Mispelter J., Dautry-Varsat A., 1998, *Enhancement of ATP levels and glucose metabolism during an infection by Chlamydia.*, J Biol Chem., **273**, 7052-7058

33. Perfettini, J.-L., Gissot, M., Souque, P., and Ojcius, D.M., *Modulation of apoptosis during infection by chlamydia*, 2002, Methods Enzymol., **358**, 334-344

34. Ojcius,D.M., P., Perfettini, J.-L.& Dautry-Varsat,A., 1998, *Apoptosis of epithelial cells and macrophages due to infection with obligate intracellular pathogen Chlamydia psittaci*, J.Immunol., **161**, 4220-4226.

35. Neeman M., Rushkin E., Kadouri A., and Degani H., 1988, *Adaptation of culture methods for NMR studies of anchorage-dependent cells.* Magn. Reson. Med., **7**, 236-242.

36. Matteucci, C., Grelli, S., De Smaele, E., Fontana, C.,and Mastino, A., 1999, *Identification of nuclei from apoptotic, necrotic and viable lymphoid cells by using multiparameter flow cytometry.*, Cytometry, **35**, 145-151

37. van Engeland, M., Nieland, L.J., Ramaekers, F.C., Schutte, B., and Reutelingsperger, C.P, 1998, *Annexin V-affinity assay: a review on an apoptosis detection system based on phosphatidylserine exposure.* Cytometry, **31**, 1-9

38. Barkhuijsen, H., de Beer, R., Drogendijk, A.C., van Ormondt, D., and van der Veen, J.W.C., 1988, *in Proceedings, International school of physics "Enrico Fermi" on the Physics of NMR spectroscopy in biology and medicine*, (B. Maraviglia Ed.)

39. Yung-Ya, J., Hodgkinson, P., Ernst, M., and Pines, A., 1997, *A novel detection-estimation scheme for noisy NMR signals: application to delayed acquisition data*, J.Magn.Reson., **128**, 30-41

40. Jung, K.J., Cannon, P.J., and Katz, J., 1997, *Simultaneous acquisition of quadrupolar order and double-quantum ^{23}Na signals*, J.Magn.Reson., 129, 130-133

41. Allis, J.L., Seymour, A-M., and Radda, G., 1991, *Absolute quantification of intracellular Na^+ using triple quantum filtered sodium-23 NMR*, J.Magn.Reson., **93**, 71-76

42. Chung, C-W., and Wimperis, S., 1990, *Optimum detection of spin-3/2 biexponential relaxation using multiple quantum filtration techniques*, J.Magn.Reson., **88**, 440-447

Annexe

Techniques expérimentales et traitements des données.

Spectroscopie 1D

Les spectres 1D du sodium ont été enregistrés sur le système de cellules isolées et perfusées, en présence d'un agent de déplacement de manière à séparer les résonances provenant des différents compartiments. La quantité de sodium intra cellulaire étant dans ce cas très faible par rapport à celle du sodium extracellulaire, la quantification des différentes populations, par intégration des raies, nécessite un traitement particulier. Le spectre de la Fig. 4.1 montre que la résonance intense correspondant au sodium extracellulaire s'étale jusqu'à celle associée au sodium intracellulaire. Pour intégrer les deux composantes séparément la procédure habituelle consisterait à ajuster le spectre sur la somme de deux « lorenztiennes » ou deux « gaussiennes », ou éventuellement, une combinaison linéaire de ces deux fonctions.

En fait, cette procédure n'a pas pu être appliquée dans le cas présent. D'une part, la forme de raie n'est pas décrite par une fonction aussi simple, d'autre part elle évolue au cours du temps du fait de l'hétérogénéité variable de l'échantillon.

La procédure adoptée est fiable et reproductible. On soustrait tout d'abord la raie intense du spectre pour extraire la résonance la plus faible (correspondant au sodium intracellulaire). Après une correction ultime de ligne de base (fonction linéaire) la raie correspondante est intégrée. Finalement, l'intégrale de la résonance correspondant au sodium extracellulaire est obtenue par la différence de l'intégrale totale avec l'intégrale de la résonance de faible amplitude.

Cette procédure nécessite une « reconstitution » de la raie intense dans la région spectrale où se situe la raie de faible intensité. Cette reconstruction a été faite très simplement en utilisant la région spectrale située symétriquement sur le « flanc gauche» (Fig. A.1) de la résonance intense. Cela suppose que la raie soit symétrique, au moins dans la région spectrale d'intérêt. Cette condition n'est pas trop difficile à respecter compte tenu du fait que la région spectrale d'intérêt est « petite », mais elle nécessite un ajustement de la phase très soigneux.

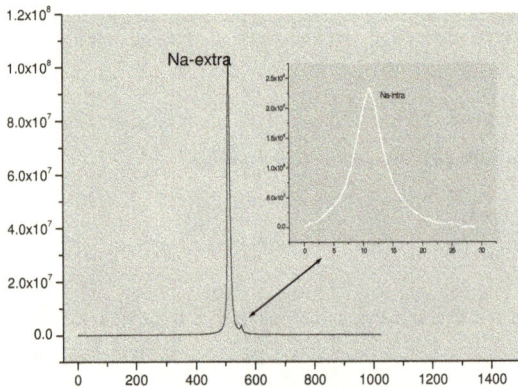

Fig.A.1 Extraction de la résonance correspondant au sodium intracellulaire avant intégration.

L'ensemble des procédures a été implanté dans un programme écrit en langage C. Seule, la région spectrale d'intérêt était laissée à l'appréciation de l'opérateur. Ainsi, l'évolution des amplitudes a pu être convenablement suivie dans tous les cas. En estimant la forme de la raie la plus grande on minimise les erreurs qui seraient apparues pour l'estimation de la raie la plus petite.

Mesures des déclins de relaxation par CPMG et analyse par SVD.

Le traitement SVD des déclins multi-exponentiels impose quelques conditions aux données. Le déclin doit être échantillonné de manière uniforme (intervalle de temps constant entre chaque point) et doit atteindre la ligne de base pour les derniers points (quelques dizaines).

Les mesures de relaxation sur une seule raie, ce qui est le cas du sodium qui ne présente pas de déplacement chimique, peuvent parfaitement bien remplir ces conditions grâce à l'acquisition CPMG en un seul passage. Il suffit en effet d'enregistrer le sommet de chaque échos qui se forment entre chaque impulsion π d'une expérience CPMG.

Séquence CPMG

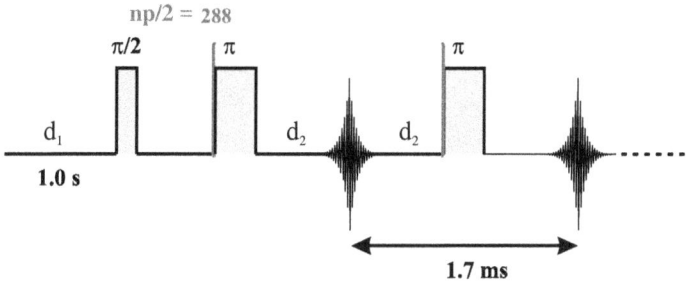

Fig. A.1 La séquence CPMG utilisée

Liste de la séquence CPMG

```
#include <standard.h>

pulsesequence()
{
        double dw;
        dw=getval("dw");
        initval(np/2.0,v1);
        mod2(oph,v2);
        incr(v2);
/*      assign(zero,oph); */
 status(A);
        delay(d1);
status(B);
        rgpulse(pw,oph,rof1,rof2);
```

```
delay(d2-rof1-rof2-3.0*pw/2.0);
starthardloop(v1);
     rgpulse(2*pw,v2,rof1,rof2);
     delay(d2-rof2-pw);
     acquire(2.0,dw);
     delay(d2-dw-rof1-pw);
endhardloop();
}
```

La première condition requise par SVD est naturellement remplie puisque la séparation des impulsions π est constante. La seconde condition est remplie par le choix du nombre total d'échos enregistrés (nombre d'impulsions π) et du délai séparant chaque écho. Le temps total d'enregistrement du déclin est $T=np*\tau/2$. Pour respecter la dernière condition T doit être égal à au moins 5 fois le plus long T_2. Le choix des paramètres est un compromis entre le temps minimum (τ) permettant un échantillonnage « correct » du déclin le plus rapide que l'on souhaite détecter et le nombre maximum (np) d'impulsions RF que l'on peut appliquer sans trop échauffer l'échantillon conducteur. En pratique, le nombre d'impulsions, donc le nombre de points (complexes) enregistrés, variait entre 288 et 512 et le temps séparant deux échos successifs variait entre 1.0 et 1.9 ms. Des simulations ont été très utiles pour déterminer les paramètres optimum d'acquisition.

Artefacts

L'enregistrement des signaux CPMG du sodium requière des précautions particulières vis à vis de la présence de verre dans, et autour, de la sonde de RMN. En effet, le verre dont sont constitués les tubes de RMN ainsi que, parfois, le support de la bobine RF, contient du sodium. Si le signal correspondant n'est pas très gênant en spectroscopie car il ne contribue qu'à une raie très large qui peut même être éliminée en augmentant le temps mort du récepteur (au détriment des signaux de sodium liés !), les noyaux de sodium du verre forment des échos intenses (Fig. A2). Ces échos sont caractérisés par un temps de décroissance très rapide (T_2^* de l'ordre de 80 μs) correspondant à une raie large, mais sont refocalisés pendant une grande partie du temps de mesure et se superposent aux premiers échos formés par l'échantillon. Le traitement des données acquis dans ces conditions conduira sans aucun doute à des paramètres de relaxation erronés, voire même à des interprétations injustifiées.
Les expériences ont donc été toutes réalisées dans des tubes de 10 mm en quartz, ou en plastique de 20 mm de diamètre pour les expériences sur le foie perfusé. D'autre part, seule la

sonde Varian de 20 mm était exempte de verre. La sonde de 10 mm a du être modifiée car le support de la bobine RF était constitué de tubes capillaires en verre.

La Fig. A.2 montre les 4 premiers échos enregistrés avec un tube de RMN en verre (a) ou en quartz (b). On doit noter aussi que la présence d'une bobine de découplage du proton, concentrique à la bobine de réception, peut contribuer aussi aux signaux parasites si elle est en verre. Un test préalable de la sonde est donc indispensable avant toute nouvelle mesure.

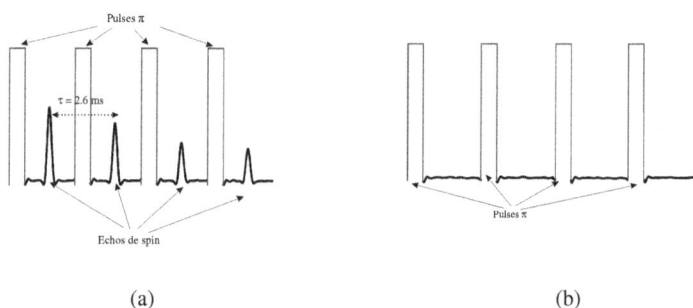

(a)   (b)

Fig.A.2 Signal CPMG provenant du tube en verre (a) et l'absence de celui-ci pour un tube en quartz (b)

Correction de phase

Le traitement SVD utilisé ici est conçu pour des nombres réels. Le signal CPMG obtenu, formé des points complexes résultants de l'acquisition simultanée des deux canaux en quadrature du spectromètre, doit donc être traité pour extraire l'intensité de l'aimantation en fonction du temps. L'amplitude de l'aimantation est en principe représentée par le module du signal. Cependant, la superposition du bruit introduit un biais systématique dans la valeur du module et conduit à des artefacts dans le traitement ultérieur par SVD. En particulier, ce biais se traduit par l'apparition de valeurs singulières (SV) significativement supérieures aux valeurs de SV associées au bruit.

Pour éviter ce problème, il est préférable d'aligner un des «axes de détection» sur l'aimantation de telle sorte que la composante du signal selon cet axe représente correctement à la fois son amplitude et celle du bruit. En d'autres termes, on doit appliquer une correction de phase au signal enregistré. Considérant le nombre de données enregistrées et la nécessité d'un traitement objectif sans intervention d'un opérateur, un programme de correction de phase a été conçu spécifiquement pour cette application. La représentation du signal CPMG dans le plan complexe (Fig. A.3) montre (comme on pouvait s'y attendre) que les points s'alignent sur une droite dont l'angle avec l'abscisse (ou l'ordonnée) est représentatif de la phase. Il suffit donc d'appliquer une rotation à l'ensemble des points pour les « aligner » sur l'axe horizontal, représentant la « partie réelle ». Le vecteur correspondant sera utilisé par la suite pour le traitement SVD.

En pratique, une valeur initiale de la phase est obtenue à partir de la droite de régression passant par les points expérimentaux. Une valeur finale de la phase, plus précise, est ensuite obtenue en minimisant la fonction :

$$\chi^2 = \sum_i \mathrm{Im}\left(s_i\right)^2 \qquad\qquad \text{A.1}$$

qui exprime que l'amplitude de la composante imaginaire est minimum lorsque l'un des axes de détection est aligné sur l'aimantation. La minimisation a été effectuée par la méthode « golden section search » [NR, p397-402].

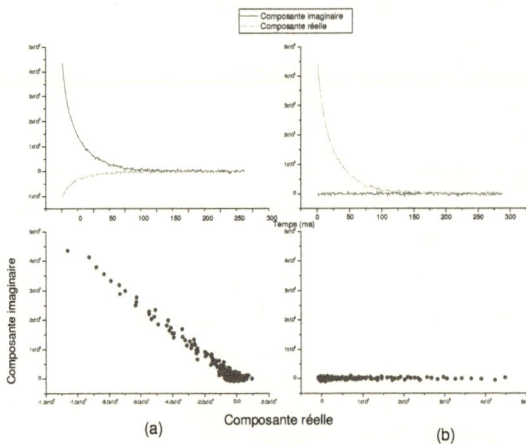

Fig. A.3 Signal CPMG avant la correction de phase (a) et après la correction de phase (b)

Etapes du traitement SVD.

La partie réelle du signal CPMG traité ci dessus constitue le vecteur de données s_i auquel on applique maintenant la procédure SVD.

Le but du calcul a déjà été décrit dans le chapitre 2. On ne décrira ici que les différentes étapes du programme d'ajustement.

1. A partir du vecteur s_i on construit la matrice Hankel, S, de dimensions *pxp,* définie par : $S_{ij} = s_{i+j-1}$. p est égale à la dimension du vecteur de données divisée par 2 (on utilise un nombre pair de points de données).

2. On calcule la décomposition de la matrice S qui donne la première information sur le système : le nombre d' exponentielles impliquées dans le déclin de relaxation. Celui ci est donné par le rang de la matrice diagonale des valeurs singulières. En pratique, et du fait de la présence du bruit, cette estimation est obtenue par plusieurs méthodes. Ces méthodes tentent d'évaluer la manière dont les valeurs singulières se distinguent entre elles afin de déterminer celles qui « décrivent » le bruit. Les exemples donnés dans les différents chapitres montrent que cette information est relativement aisée à obtenir « visuellement » [38], mais un critère objectif basé sur des formules plus ou moins complexes ont été proposées dans la littérature [39]. Ces formules ont été implémentées en langage C dans le programme de calcul utilisé ici. On doit noter que le critère MDL est plus sévère que le critère de Yung-Ya Lin [39]. Lorsque ces deux critères sont en désaccord (d'une unité en général), le choix pour la valeur du rang est fourni par la qualité de l'ajustement final.

3. Ayant déterminé le rang de la matrice des données, il reste à calculer les constantes de temps et les amplitudes. Pour cela on utilise les propriétés de la matrice de Hankel modifiée, $\tilde{S}$, (définie au chapitre 2) qui permet de transformer le problème non linéaire de la Transformée de Laplace en un système d'équations linéaire. Cette transformation se fait en deux étapes. La première consiste à extraire les constantes de temps, qui sont reliées aux valeurs singulières de la matrice « Hankel modifié ». A partir de l'équation 2.37 (chapitre 2) on calcule les constantes de temps comme

    $T_i = \dfrac{\Delta t}{\ln(a_{ii})}$ où a_{ii} sont les éléments diagonaux et Δt est le pas d'échantillonnage.

4. Les amplitudes sont alors les solutions d'un système linéaire d'équations (surdéterminé) que l'on résout finalement par SVD.

111

5. La norme de l'ajustement ($\sqrt{\sum_i \left(s_i^{calculé} - s_i^{réel} \right)^2}$) donne un critère sur la fiabilité du calcul.

6. Les erreurs sur les constantes de temps et les amplitudes sont finalement estimées à partir d'une simulation Monte Carlo.

TQF

Le filtrage multi-quanta permet de sélectionner les noyaux qui présentent une relaxation bi-exponentielle [40]. Pour le sodium, il est possible de sélectionner les cohérences à double (DQ) ou à triple quantum (TQ). La spectroscopie des TQ étant plus sensible que celle des DQ [41], on a choisi la première.

Le principe de la séquence est le même pour les deux types de spectroscopie, seul le cyclage de phase diffère pour sélectionner le chemin de cohérences [42].

En pratique la séquence comporte trois périodes. La première est un écho de Hahn au cours de laquelle les cohérences de la matrice densité évoluent de telle sorte que l'impulsion $\pi/2$ appliquée au sommet de l'écho crée des cohérences d'ordre supérieur. Parmi toutes celles ci, les cohérences TQ sont sélectionnées par le cyclage de phase.

Séquence TQF

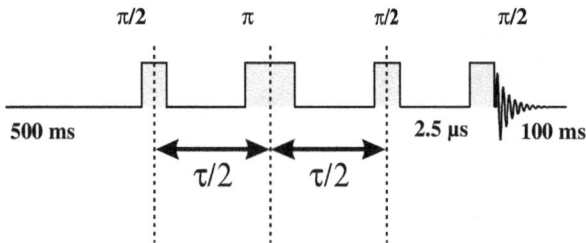

Fig.A.4 La séquence TQF utilisée

112

Tableau cyclage de phase

```
t1 = 11  1  3  5  7  9  11  1  3  5   7  9
      2  4  6  8 10  0   2  4  6  8  10  0
      5  7  9 11  1  3   5  7  9 11   1  3
      8 10  0  2  4  6   8 10  0  2   4  6
t2 = 11  1  3  5  7  9   5  7  9 11   1  3
      2  4  6  8 10  0   8 10  0  2   4  6
      5  7  9 11  1  3  11  1  3  5   7  9
      8 10  0  2  4  6   2  4  6  8  10  0
t3 =  2  4  6  8 10  0   2  4  6  8  10  0
      5  7  9 11  1  3   5  7  9 11   1  3
      8 10  0  2  4  6   8 10  0  2   4  6
```

```
      11  1  3  5  7  9  11  1  3  5   7  9
t4 =   0  0  0  0  0  0   0  0  0  0   0  0
       1  1  1  1  1  1   1  1  1  1   1  1
       2  2  2  2  2  2   2  2  2  2   2  2
t5 =   3  3  3  3  3  3   3  3  3  3   3  3
       3  1  3  1  3  1   3  1  3  1   3  1
    0  2  0  2  0  2  0   2  0  2  0   2
       1  3  1  3  1  3   1  3  1  3   1  3
       2  0  2  0  2  0   2  0  2  0   2  0
```

Liste de la séquence TQF

```
/* VARIAN VXR-5000  PULSE SEQUENCE:  tqfb */
/* TO DETECT THE TRIPLE QUANTUM COHERENCE ARISING FROM THE */
/* BIEXPONENTIAL TRANSVERSE RELAXATION OF SODIUM */
/* Chun-wa and Stephen Wimperis, J. Magn. Res. 88 440,1990*/
/* Personal Communication, April 30, 1990*/
/*Fernando Commodari, May 29 1990; revised April 29, 1992.*/
/*
- d1 - p1 (t1) - d2 - p2 (t2) - d2 - p1 (t3) - d3 - p1 (t4) - acq (t5)
      d1 = optional relaxation delay
      p1 = pi/2 pulse with phase t1(echo) t3 (TQ creation) and t4 (read pulse)
      d2 = 1/2 the echo (TQ preparation) time (msec);
           not < (rof1+rof2+p2/2+p1/2)
      p2 = 180 pulse with phase t2
      d3 = TQ evolution delay (microsec); not < (rof2+rof1+p1)
      t5 = receiver phase */
#include <standard.h>
 pulsesequence()
{
double d3, p2;
d3=getval("d3");
p2=getval("p2");
/*PERIOD 1 */;
 status(A);
 delay(d1);
 loadtable("tqfb");
 stepsize(30.0,TODEV);
/*PERIOD 2 */
 status(B);
 xmtrphase(t1);
 pulse(p1,zero);
 delay(d2-p1/2-p2/2-rof1-rof2);
 xmtrphase(t2);
 pulse(p2,zero);
 delay(d2-rof1-rof2-p2/2-p1/2);
 xmtrphase(t3);
 pulse(p1,zero);
 delay(d3-rof2-rof1-p1);
/*PERIOD 3*/
 status(C);
 stepsize(90.0,TODEV);
 xmtrphase(t4);
 pulse(p1,zero);
 setreceiver(t5);
 }
```

Pour observer les cohérences TQ, on doit les transformer de nouveau en cohérences SQ qui sont les seules à donner lieu à un signal. La dernière impulsion $\pi/2$ réalise cette transformation. Le délai entre les deux dernières impulsions est juste suffisant pour permettre les commutations de phase. Le délai doit être court pour éviter les effets de relaxation des cohérences TQ. Toutefois, l'évolution sous l'effet du « déplacement chimique » (rotation autour de l'axe du champ statique, dans le référentiel tournant) conduit à une grande sensibilité de la séquence aux effets d'offset. Il est donc important d'ajuster précisément l'émetteur sur la résonance du sodium. Les cohérences SQ créées à partir des TQ évoluent ensuite pendant la période d'acquisition pour donner lieu à un signal observable qui n'apparaît pas instantanément, à la manière des cohérences anti phase créées dans les systèmes couplés et qui évoluent sous l'effet de l'opérateur de couplage J_{IS}. La différence est que l'opérateur d'évolution est ici l'opérateur de relaxation. Cela explique la forme particulière de la raie obtenue après transformée de Fourier (Fig. A.5).

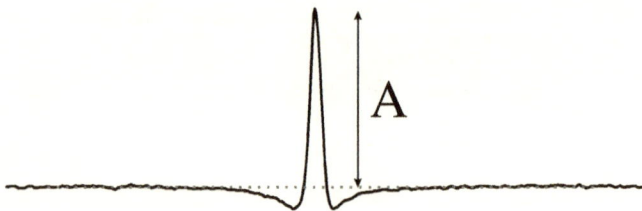

Fig. A.5.La forme du signal TQF

Le FID est en effet de la forme :

$$s_i = S_0 \left(-\exp\left(-\frac{i\Delta t}{T_{2fast}} \right) + \exp\left(-\frac{i\Delta t}{T_{2slow}} \right) \right) \qquad \text{A.2}$$

où Δt est la période d'échantillonnage du signal pendant la période d'acquisition. La raie TQF est donc formée de la différence de deux raies Lorentzienne, une large, correspondant à T_{2fast} et une fine, correspondant à T_{2slow}.

La quantification de l'intensité du signal TQF pose un problème car l'intégrale est toujours nulle. La solution la plus simple consiste à mesurer l'intensité de la raie comme montré à la

Fig. A.5. Une autre solution consisterait à ajuster la raie à la fonction théorique, mais les hétérogénéités de B_0 limite l'applicabilité de cette méthode.

L'intensité du signal TQF dépend aussi du temps de création τ. C'est en effet pendant cette période que les cohérences évoluent sous la matrice de relaxation de telle sorte que l'état du système pourra permettre la création de cohérences TQ. La dépendance de l'amplitude de la cohérence TQ (donc du signal) en fonction de τ, a la même forme que l'équation A.2 :

$$S_0(\tau) = A_0 \left(-\exp\left(-\frac{\tau}{T_{2\,fast}} \right) + \exp\left(-\frac{\tau}{T_{2\,slow}} \right) \right)$$

A.3

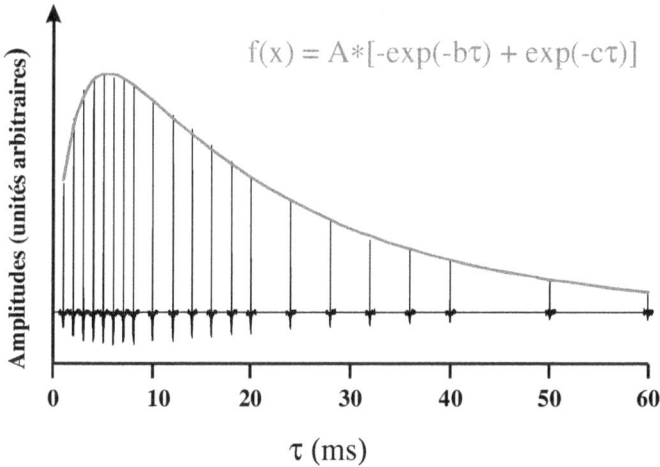

Fig. A.6 La dépendance de l'amplitude TQF en fonction du temps de création τ

L'enregistrement de cette dépendance et l'ajustement à la fonction A.3 permet donc d'obtenir une quantification de la population d'ions dont la relaxation est bi-exponentielle (sodium liés) et d'obtenir les deux constantes de temps caractéristiques de relaxation. Cet enregistrement est cependant très long et ne peut être réalisé que pour caractériser un système dans un état particulier. Pour suivre son évolution au cours du temps (au cours d'une pathologie, par exemple) on ne pourra enregistrer le spectre TQF que pour une valeur particulière de τ, en espérant que les temps de relaxation caractéristiques ne changeront pas au cours de cette évolution.

www.ingramcontent.com/pod-product-compliance
Lightning Source LLC
Chambersburg PA
CBHW021113210326
41598CB00017B/1433